Grundlagentraining

Mathematik

7

Gymnasium

Arbeitsheft
mit Medien

Cornelsen

So funktioniert dein Arbeitsheft mit Medien

Über die QR-Codes auf den Übungseiten kannst du dir Lernvideos ansehen oder interaktive Übungen starten.

Lernvideos

Mit den Lernvideos kannst du dein Wissen auffrischen.

Interaktive Übungen

Über diese QR-Codes kannst du weitere Übungen starten.

Prüfe wo du stehst

Teste dein Wissen und vergleiche deine Ergebnisse mit den beigelegten Lösungen. Schätze dich dann selbst ein.

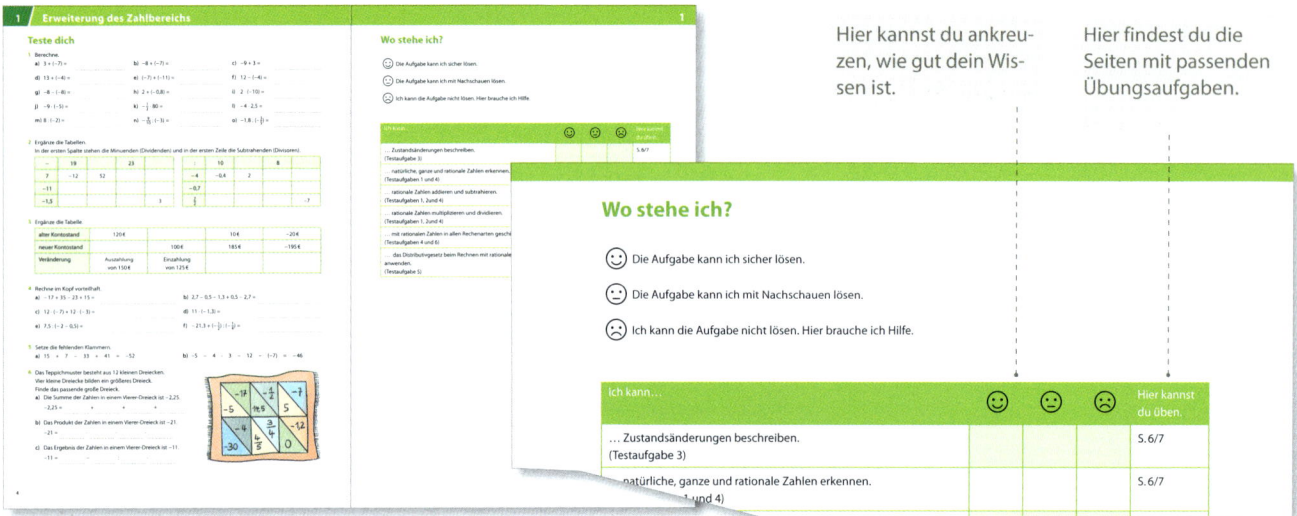

Hier kannst du ankreuzen, wie gut dein Wissen ist.

Hier findest du die Seiten mit passenden Übungsaufgaben.

Hier kannst du üben

Auf der linken Übungseite findest du einen kurzen Wissensteil mit QR-Codes zu Lernvideos. Auf der rechten Seite sind die QR-Codes zu den interaktiven Übungen. Diese lassen sich am besten mit einem Tablet bearbeiten. Du kannst sie aber auch mit dem Handy öffnen.

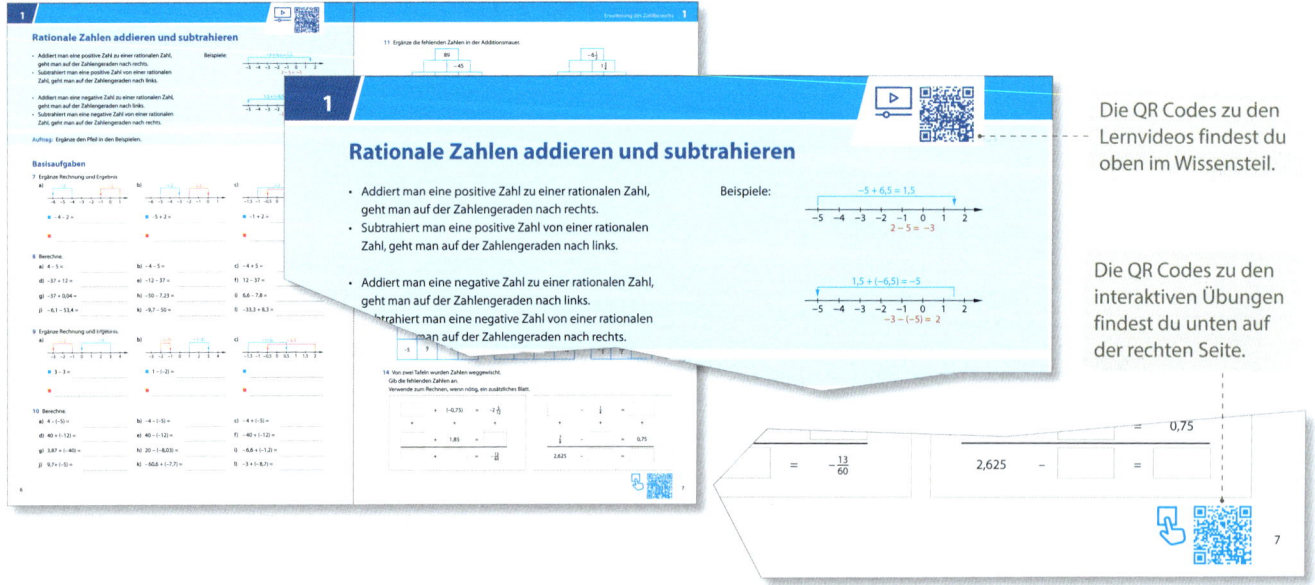

Die QR Codes zu den Lernvideos findest du oben im Wissensteil.

Die QR Codes zu den interaktiven Übungen findest du unten auf der rechten Seite.

Inhaltsverzeichnis

1 Erweiterung des Zahlbereichs   **4**

Teste dich 4
Wo stehe ich? 5
Rationale Zahlen addieren und subtrahieren 6
Rationale Zahlen multiplizieren und dividieren 8
Rechnen mit allen Grundrechenarten 10

2 Zuordnungen   **12**

Teste dich 12
Wo stehe ich? 13
Darstellung von Zuordnungen 14
Proportionale Zuordnungen 16
Antiproportionale Zuordnungen 18
Dreisatz 20

3 Prozent- und Zinsrechnung   **22**

Teste dich 22
Wo stehe ich? 23
Grundbegriffe der Prozentrechnung 24
Prozentuale Veränderung 26
Sachaufgaben zur Prozentrechnung 28
Zinsen 30

4 Winkelbetrachtungen   **32**

Teste dich 32
Wo stehe ich? 33
Winkel an Geradenkreuzungen 34
Winkelsumme im Dreieck und Viereck 36

5 Geometrische Konstruktionen   **38**

Teste dich 38
Wo stehe ich? 39
Dreieckskonstruktionen – Kongruenzsätze sss und sws 40
Dreieckskonstruktionen – Kongruenzsätze wsw und SsW ... 42
Mittelsenkrechte und Winkelhalbierende 44
Umkreis und Inkreis beim Dreieck 46
Höhe und Seitenhalbierende im Dreieck 48
Satz des Thales 50

6 Gleichungen   **52**

Teste dich 52
Wo stehe ich? 53
Variablen und Terme 54
Terme vereinfachen 56
Gleichungen 58
Äquivalenzumformungen 60
Mit Gleichungen modellieren 62
Ungleichungen 64

7 Zufall und Wahrscheinlichkeit   **66**

Teste dich 66
Wo stehe ich? 67
Zufallsexperimente und Wahrscheinlichkeit 68
Laplace-Wahrscheinlichkeit 70

Jahrgansstufentest 72

Teste dich

1 Berechne.

a) $3 + (-7) =$ _____

b) $-8 + (-7) =$ _____

c) $-9 + 3 =$ _____

d) $13 + (-4) =$ _____

e) $(-7) + (-11) =$ _____

f) $12 - (-4) =$ _____

g) $-8 - (-8) =$ _____

h) $2 + (-0{,}8) =$ _____

i) $2 \cdot (-10) =$ _____

j) $-9 \cdot (-5) =$ _____

k) $-\frac{1}{2} \cdot 80 =$ _____

l) $-4 \cdot 2{,}5 =$ _____

m) $8 : (-2) =$ _____

n) $-\frac{9}{10} : (-3) =$ _____

o) $-1{,}8 : (-\frac{3}{5}) =$ _____

2 Ergänze die Tabellen.

In der ersten Spalte stehen die Minuenden (Dividenden) und in der ersten Zeile die Subtrahenden (Divisoren).

−	19		23	
7	−12	52		
−11				
−1,5			3	

:	10		8	
−4	−0,4	2		
−0,7				
$\frac{7}{2}$				−7

3 Ergänze die Tabelle.

alter Kontostand	120 €			10 €	−20 €
neuer Kontostand		100 €		185 €	−195 €
Veränderung	Auszahlung von 150 €	Einzahlung von 125 €			

4 Rechne im Kopf vorteilhaft.

a) $-17 + 35 - 23 + 15 =$ _____

b) $2{,}7 - 0{,}5 - 1{,}3 + 0{,}5 - 2{,}7 =$ _____

c) $12 \cdot (-7) + 12 \cdot (-3) =$ _____

d) $11 \cdot (-1{,}3) =$ _____

e) $7{,}5 : (-2 - 0{,}5) =$ _____

f) $-21{,}3 + (-\frac{1}{2}) : (-\frac{1}{4}) =$ _____

5 Setze die fehlenden Klammern.

a) $15 \ + \ 7 \ - \ 33 \ + \ 41 \ = \ -52$

b) $-5 \ - \ 4 \ \cdot \ 3 \ - \ 12 \ - \ (-7) \ = \ -46$

6 Das Teppichmuster besteht aus 12 kleinen Dreiecken. Vier kleine Dreiecke bilden ein größeres Dreieck. Finde das passende große Dreieck.

a) Die Summe der Zahlen in einem Vierer-Dreieck ist $-2{,}25$.

$-2{,}25 =$ _____ $+$ _____ $+$ _____ $+$ _____

b) Das Produkt der Zahlen in einem Vierer-Dreieck ist -21.

$-21 =$ _____ $\cdot$ _____ $\cdot$ _____ $\cdot$ _____

c) Das Ergebnis der Zahlen in einem Vierer-Dreieck ist -11.

$-11 =$ _____ $-$ _____ $:$ _____ $\cdot$ _____

Wo stehe ich?

☺ Die Aufgabe kann ich sicher lösen.

☹ Die Aufgabe kann ich mit Nachschauen lösen.

☹ Ich kann die Aufgabe nicht lösen. Hier brauche ich Hilfe.

Ich kann…	☺	☹	☹	Hier kannst du üben.
… Zustandsänderungen beschreiben. (Testaufgabe 3)				S. 6/7
… natürliche, ganze und rationale Zahlen erkennen. (Testaufgaben 1 und 4)				S. 6/7
… rationale Zahlen addieren und subtrahieren. (Testaufgaben 1, 2und 4)				S. 6/7
… rationale Zahlen multiplizieren und dividieren. (Testaufgaben 1, 2und 4)				S. 8/9
… mit rationalen Zahlen in allen Rechenarten geschickt rechnen. (Testaufgaben 4 und 6)				S. 8/9
… das Distributivgesetz beim Rechnen mit rationalen Zahlen anwenden. (Testaufgabe 5)				S. 10/11

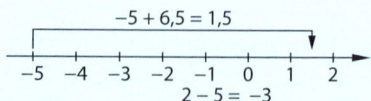

Rationale Zahlen addieren und subtrahieren

- Addiert man eine positive Zahl zu einer rationalen Zahl, geht man auf der Zahlengeraden nach rechts.
- Subtrahiert man eine positive Zahl von einer rationalen Zahl, geht man auf der Zahlengeraden nach links.

- Addiert man eine negative Zahl zu einer rationalen Zahl, geht man auf der Zahlengeraden nach links.
- Subtrahiert man eine negative Zahl von einer rationalen Zahl, geht man auf der Zahlengeraden nach rechts.

Beispiele:

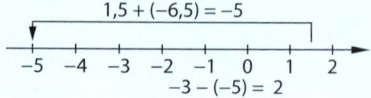

Auftrag: Ergänze den Pfeil in den Beispielen.

Basisaufgaben

7 Ergänze Rechnung und Ergebnis

a)

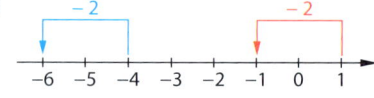

■ $-4 - 2 =$ _____

■ _____

b)

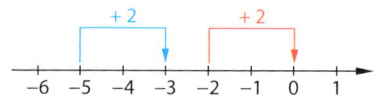

■ $-5 + 2 =$ _____

■ _____

c)

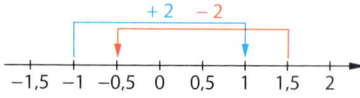

■ $-1 + 2 =$ _____

■ _____

8 Berechne.

a) $4 - 5 =$ _____

b) $-4 - 5 =$ _____

c) $-4 + 5 =$ _____

d) $-37 + 12 =$ _____

e) $-12 - 37 =$ _____

f) $12 - 37 =$ _____

g) $-37 + 0,04 =$ _____

h) $-50 - 7,23 =$ _____

i) $6,6 - 7,8 =$ _____

j) $-6,1 - 53,4 =$ _____

k) $-9,7 - 50 =$ _____

l) $-33,3 + 8,3 =$ _____

9 Ergänze Rechnung und Ergebnis.

a)

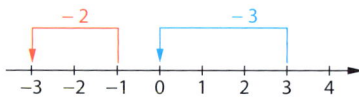

■ $3 - 3 =$ _____

■ _____

b)

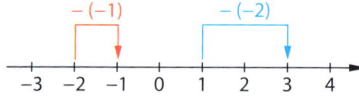

■ $1 - (-2) =$ _____

■ _____

c)

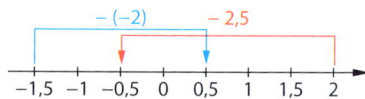

■ _____

■ _____

10 Berechne.

a) $4 - (-5) =$ _____

b) $-4 - (-5) =$ _____

c) $-4 + (-5) =$ _____

d) $40 + (-12) =$ _____

e) $40 - (-12) =$ _____

f) $-40 + (-12) =$ _____

g) $3,87 + (-40) =$ _____

h) $20 - (-8,03) =$ _____

i) $-6,6 + (-1,2) =$ _____

j) $9,7 + (-5) =$ _____

k) $-60,6 + (-7,7) =$ _____

l) $-3 + (-8,7) =$ _____

11 Ergänze die fehlenden Zahlen in der Additionsmauer.

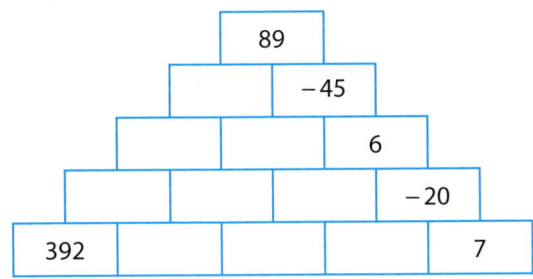

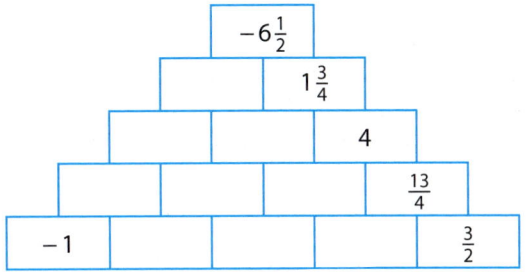

12 Setze passende Rechenzeichen ein.

a) 27 ☐ 38 = −11

b) −71 ☐ (−28) = −99

c) 40 ☐ (−80) ☐ (−20) = −60

d) −7,7 ☐ 1,7 ☐ (−3) = −3

e) −1 ☐ (−0,8) ☐ (−0,09) = −1,89

f) −4,5 ☐ (−4,5) ☐ (−3) = −3

g) 2,3 ☐ (−5,3) ☐ +1,3 = 6,3

h) 7,5 ☐ (−8,5) ☐ (−2,5) = −3,5

Rechenzeichen zum Abstreichen:

+	+	+	−
+	+	−	−
+	+	−	
+	+	−	

Weiterführende Aufgaben

13 Ergänze die fehlenden Zahlen so, dass die Summe in allen Zeilen, Spalten und Diagonalen die angegebene Zahl ist.

Rechne, wenn nötig, auf einem zusätzlichen Blatt.

Hinweis: Ermittle bei **c** zuerst die Summe.

Zusatzaufgabe: Gib selbst eine Summe an und erfinde ein dazu passendes Quadrat.

negativ addieren   positiv addieren
positiv subtrahieren   negativ subtrahieren

a) Die Summe ist 0.

8	−6	−7	
			−1
	−7	−2	
−5	7		−8

b) Die Summe ist −3.

7,5	−5,5	−6,5	
			−0,5
		−2,5	−1,5
−4,5	6,5		−7,5

c) Die Summe ist _____

$\frac{15}{2}$	$-\frac{11}{2}$	$-\frac{13}{2}$	6
			$-\frac{1}{2}$
	$-\frac{5}{2}$	$-\frac{3}{2}$	
$-\frac{9}{2}$	$\frac{13}{2}$		$-\frac{15}{2}$

14 Von zwei Tafeln wurden Zahlen weggewischt.

Gib die fehlenden Zahlen an.

Verwende zum Rechnen, wenn nötig, ein zusätzliches Blatt.

☐	+	(−0,75)	=	$-2\frac{5}{12}$
+		+		+
☐	+	1,85	=	☐
☐	+	☐	=	$-\frac{13}{60}$

☐	−	$\frac{1}{4}$	=	☐
+		+		+
$\frac{7}{8}$	−	☐	=	0,75
2,625	−	☐	=	☐

minus mal plus | minus mal minus

Rationale Zahlen multiplizieren und dividieren

1. Multipliziere bzw. dividiere die Beträge der Zahlen.

2. Bestimme das Vorzeichen des Ergebnisses.

Beispiele:

Es ist negativ (–), wenn beide Zahlen verschiedene Vorzeichen haben.

Es ist positiv (+), wenn beide Zahlen gleiche Vorzeichen haben.

$5 \cdot (-2) =$ _____ $-24 : 6 =$ _____

$-8 \cdot (-2) =$ _____ $18 : 6 =$ _____

Auftrag: Ergänze die Ergebnisse.

Basisaufgaben

1 Multipliziere.

a) $7 \cdot (-6) =$ _____

b) $-8 \cdot (-8) =$ _____

c) $-5 \cdot 3 =$ _____

d) $13 \cdot (-4) =$ _____

e) $-7 \cdot 11 =$ _____

f) $12 \cdot (-4) =$ _____

g) $-0,8 \cdot (-8) =$ _____

h) $2 \cdot (-0,8) =$ _____

i) $0,2 \cdot (-0,5) =$ _____

j) $-0,9 \cdot (-3) =$ _____

k) $-0,5 \cdot 60 =$ _____

l) $0,04 \cdot (-10) =$ _____

2 Dividiere.

a) $60 : (-10) =$ _____

b) $-18 : (-3) =$ _____

c) $-16 : (-4) =$ _____

d) $55 : (-5) =$ _____

e) $-27 : 30 =$ _____

f) $-4,4 : 11 =$ _____

g) $-5,4 : 9 =$ _____

h) $-0,149 : 14,9 =$ _____

i) $-6 : 0,3 =$ _____

j) $-6,5 : 5 =$ _____

k) $-72 : 0,8 =$ _____

l) $-14,6 : 2 =$ _____

3 Ergänze die fehlenden Zahlen in der Multiplikationsmauer.

a)
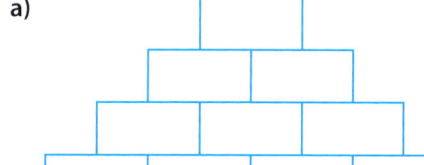

b)
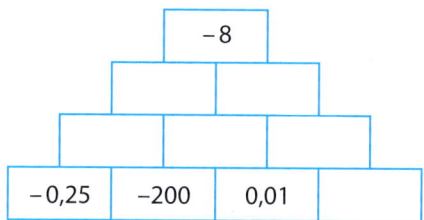

c)
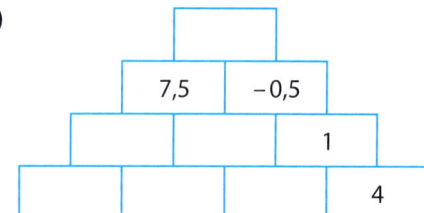

d)
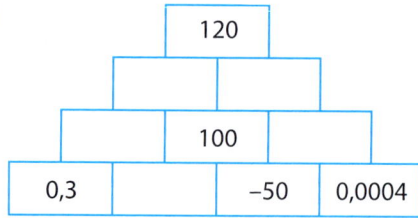

4 Entscheide, ob das Ergebnis kleiner, größer oder gleich 0 ist.
Zusatzaufgabe: Ermittle das Ergebnis auf einem zusätzlichen Blatt.

a) $-0,05 \cdot 1,4 \cdot 100 \cdot (-0,5) \cdot (-0,01) \cdot (-0,25) \cdot (-20) \cdot (-1) \cdot 2$ ☐ 0

b) $(2,5 \cdot (-0,4)) \cdot 100 \cdot (-0,03) \cdot (-0,2) \cdot (-0,5) : (1,2 \cdot (-5))$ ☐ 0

c) $2 \cdot (-4 : (-2)) \cdot 0 \cdot 6 : (-8 - (-2))$ ☐ 0

5 Schreibe die nächsten fünf Zahlen auf. Gib an, wie man die nächste Zahl berechnen kann.
Hinweis: Bei den Teilaufgaben **a** und **b** wird nur multipliziert bzw. dividiert.

a) 3; − 6; 12; −24;

b) 256; −128; 64; −32; 16;

c) −1; − 5; −13; −29; − 61;

Weiterführende Aufgaben

6 Fahrenheit wählte als Nullpunkt seiner Temperatur-Skala die tiefste Temperatur des strengen Winters 1708/1709 in seiner Heimatstadt Danzig. Er wollte dadurch negative Temperaturen vermeiden. Als weiterer Fixpunkt legte er 1714 den Gefrierpunkt von Wasser bei 32 °F und die Körpertemperatur eines gesunden Menschen bei 96 °F fest.
In den USA werden noch heute Temperaturen in Grad Fahrenheit angegeben.

Hier in New York haben wir 80 Grad!

80 Grad! Das überlebt doch kein Mensch. Brian übertreibt mal wieder.

Umrechnen von Grad Fahrenheit in Grad Celsius:
1. Subtrahiere von der Temperatur in Fahrenheit die Zahl 32.
2. Multipliziere die Differenz mit $\frac{5}{9}$.

a) Ergänze die Tabelle.

	Fahrenheit-Skala	Celsius-Skala
höchste im Freien gemessene Lufttemperatur	136,04 °F	
tiefste im Freien gemessene Lufttemperatur	−130,90 °F	
Körpertemperatur des Menschen nach Fahrenheit	96 °F	
Schmelzpunkt von Eisen	2795 °F	
Gefrierpunkt von Alkohol		−114,40 °C
mittlere Oberflächentemperatur der Sonne		5505 °C
Siedepunkt von Wasser		100 °C
Gefrierpunkt von Wasser		0 °C

b) Schätze, wie warm es heute ist. Gib den Wert zuerst in Grad Celsius und danach in Grad Fahrenheit an.

multiplizieren

dividieren

Rechnen mit allen Grundrechenarten

zuerst	nach rechts	Punktrechnung	Ausdrücke in Klammern	vor Strichrechnung	von links

$a \cdot b$	$a + (b + c)$	$a \cdot (b \cdot c)$	$a \cdot (b - c)$	$b + a$	$a \cdot b + a \cdot c$
$(a \cdot b) \cdot c$	$a \cdot b - a \cdot c$	$a + b$	$a \cdot (b + c)$	$b \cdot a$	$(a + b) + c$

- _____

- _____

- _____

- Kommutativgesetze der Addition und Multiplikation: _____

- Assoziativgesetze der Addition und Multiplikation: _____

- Distributivgesetze: _____

Auftrag: Formuliere mithilfe der Karten Regeln, die für alle rationalen Zahlen gelten.

Basisaufgaben

1 Unterstreiche zuerst wie bei **a** das Rechenzeichen, dass du als Erstes berücksichtigst. Rechne danach im Kopf.

a) $-6 \cdot (4 \underline{-} 9) =$

b) $6 + (-4) + 9 =$

c) $-6 + 4 \cdot (-9) =$

d) $-23 - 87 : (-29) =$

e) $23 + (87 - 29) =$

f) $45 + 135 : (-3) =$

g) $(-125 + 75) \cdot (-2) =$

h) $-5 + 3 \cdot (-4 - 3) =$

i) $(-8 + 5) \cdot 3 - (4 - 7) =$

2 Entscheide ohne alle Ergebnisse zu ermitteln, welche Aufgaben dieselben Ergebnisse haben. Verbinde diese mit Linien.

$0,32 + 4,57 + 47,8$

$2 \cdot (-7,8 + 4,57 - 0,32)$

$(47,8 + 4,57 - 0,32) : 2$

$2 : (-4,57 + 0,32 - 7,8)$

$47,8 + 0,32 + 4,57$

$(4,25 + 47,8) : 2$

$47,8 - (-0,32) + 4,57$

$(4,57 - 0,32 - 7,8) \cdot 2$

3 Rechne vorteilhaft.

-976	-10	$-\frac{1}{3}$	1	42	46	60	78	100	108

a) $4 \cdot 12 + 4 \cdot 13 =$

b) $7 \cdot 3 + 13 \cdot 3 =$

c) $34 \cdot 7 - 28 \cdot 7 =$

d) $-45 \cdot 13 + 51 \cdot 13 =$

e) $-7 \cdot 9 - 3 \cdot 9 =$

f) $-8 \cdot (125 - 3) =$

g) $117 - 84 + 13 =$

h) $-3 \cdot 12 + 3 \cdot 48 =$

i) $(\frac{1}{4} \cdot (-\frac{4}{5}) + \frac{2}{5}) : \frac{1}{5} =$

j) $\frac{1}{2} - \frac{1}{2} \cdot \frac{1}{3} + \frac{5}{3} \cdot (-\frac{2}{5}) =$

4 Einige Aufgaben wurden falsch gerechnet. Finde den Fehler und korrigiere, wenn nötig, das Ergebnis.

a) $13 - 5 : 2 = 4$ _____

b) $-1 \cdot 15 \cdot (10 : (-2)) = -75$ _____

c) $((-5 - 13) : 2 + 6) \cdot (-2) = 6$ _____

d) $((11,5 + 4,5 : (-3)) : 5) + 3 \cdot 4 = 20$ _____

e) $(-3,5 + 5 : 2) \cdot ((-100) : (-2)) = 50$ _____

f) $(-5 + 14 - 35) : ((-6,5) \cdot (-\frac{4}{2})) = -2$ _____

> **KlaPS-Regel**
> 1. Klammern
> 2. Punktrechnung
> 3. Strichrechnung

5 Bewerte mithilfe eines Überschlags das Ergebnis.
Zusatzaufgabe: Berechne das Ergebnis.

a) $(17,4 - 5,9) \cdot (-4,1) = -47,15$ Überschlag: _____   ☐ Ergebnis kann stimmen.

b) $17,4 - (5,9 \cdot 4,1) = 10,3$ Überschlag: _____   ☐ Ergebnis kann stimmen.

c) $17,4 - 5,9 \cdot (-4,1) = 41,59$ Überschlag: _____   ☐ Ergebnis kann stimmen.

d) $(6,4 : 5 - 5,9 \cdot 4,1) \cdot 5 = 114,55$ Überschlag: _____   ☐ Ergebnis kann stimmen.

e) $6,4 : 5 - 5,9 \cdot 4,1 \cdot 5 = -20,67$ Überschlag: _____   ☐ Ergebnis kann stimmen.

Weiterführende Aufgaben

6 Schreibe den entsprechenden Ausdruck auf und löse ihn.
a) Multipliziere die Summe von -7 und $4,5$ mit 3. _____

b) Addiere die Produkte von -8 und -2 und von $-1,5$ und 4. _____

c) Addiere $\frac{2}{3}$ zum Quotienten von 27 und 81 und addiere anschließend -2. _____

d) Subtrahiere $2,5$ von der Differenz von 78 und $-1,5$. _____

7 Alle ganzen Zahlen, die größer als -52 und kleiner als -49 sind, werden addiert.
Berechne das Ergebnis. _____

8 Mehrere Schüler schätzten die Länge einer Mauer. Beim Nachmessen stellten sie fest, dass sie 8 m lang ist. Sie bestimmen die Abweichungen von den Schätzungen. Begründe rechnerisch, ob die Mauer im Durchschnitt über- oder unterschätzt wurde.

_____

_____

_____

Hinweis: Lass mehrere Mitschülerinnen oder Mitschüler die Höhe eines Stuhls im Raum schätzen.
Untersuche danach, ob die Höhe eher über- oder unterschätzt wurde.
Die Verwendung von Linealen und anderen Messhilfen ist beim Schätzen verboten.

Abweichungen der Schätzungen von der gemessenen Länge	
Anna:	$-0,6$ m
Abel:	$-1,3$ m
Karim:	$+0,4$ m
Yoshio:	$+0,3$ m
Lisa:	$+1,1$ m
Christian:	$-0,2$ m
Kyoko:	$+0,1$ m
Damian:	$+0,6$ m
Suleika:	$-0,6$ m

Teste dich

Karten	Preis in €

...ortionale oder antiproportionale
Zuordnung ist.
Löse die Aufgaben danach mithilfe des Dreisatzes.

a) 9 Karten für das Konzert kosten ohne Bearbeitungsgebühr 81,00 €.
Berechne, wie viel 11 Karten ohne Bearbeitungsgebühr kosten.

_____

Stunden	Pumpen

b) 4 Pumpen vom gleichen Typ leeren ein Becken in $13\frac{1}{2}$ h.
Berechne, wie viele Pumpen benötigt werden, um das Becken in 6 h zu leeren.

_____

c) Kreuze die Zuordnung aus Aufgabe 1a bzw. b an, bei der im Koordinatensystem alle Punkte auf einem Strahl liegen, der im Ursprung beginnt.

☐ Karten → Preis in € ☐ Stunden → Pumpen

2 Eine Tüte mit 48 Schokoladentäfelchen wird aufgeteilt.

a) Berechne, wie viele Schokoladentäfelchen jeder erhält, wenn 2, 3, 4 oder 6 Kinder alles unter sich aufteilen.

Anzahl der Kinder				
Anzahl der Täfelchen				

b) Stelle die Zuordnung in einem Diagramm dar. Erkläre, ob es sinnvoll ist die Punkte miteinander zu verbinden.

_____

_____

_____

_____

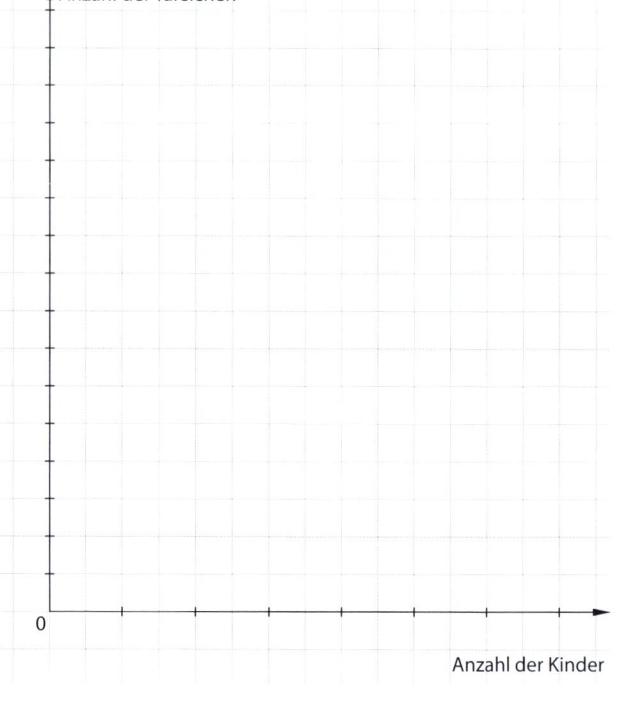

3 Handelt es sich um den Graphen einer proportionalen, antiproportionalen oder keiner derartigen Zuordnung? Kreuze an.

Graph	Proportionale Zuordnung	Antiportionale Zuordnung	Weder noch
f			
g			
h			
i			
j			

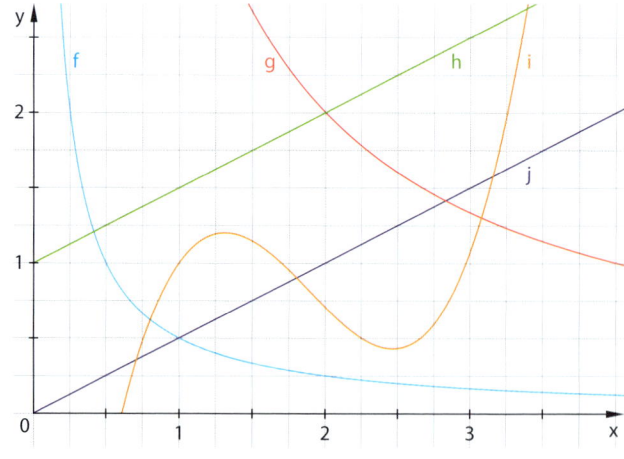

Wo stehe ich?

☺ Die Aufgabe kann ich sicher lösen.

😐 Die Aufgabe kann ich mit Nachschauen lösen.

☹ Ich kann die Aufgabe nicht lösen. Hier brauche ich Hilfe.

Ich kann…	☺	😐	☹	Hier kannst du üben.
… Zuordnungen mit Tabellen, Diagrammen, Worten und Pfeilen darstellen. (Testaufgaben 1 und 2)				S. 14/15
… zu gegebenen Wertepaaren einer Zuordnung den Graphen zeichnen. (Testaufgabe 2)				S. 14/15
… proportionale Zuordnungen erkennen und anhand ihrer Eigenschaften charakterisieren. (Testaufgaben 1 und 3)				S. 16/17
… mit dem Dreisatz Wertepaare einer proportionalen Zuordnung berechnen. (Testaufgabe 1)				S. 20/21
… antiproportionale Zuordnungen erkennen und anhand ihrer Eigenschaften charakterisieren (Testaufgaben 1 und 3)				S. 18/19
… mit dem Dreisatz Wertepaare einer antiproportionalen Zuordnung berechnen. (Testaufgabe 1)				S. 20/21

Darstellung von Zuordnungen

- Eine Zuordnung weist jedem Ausgangswert einen oder mehrere Werte zu.

- Zwei Werte, die einander zugeordnet sind, nennt man Wertepaar.

- Eine Zuordnung kann man mit einer Wertetabelle, einem Diagramm, mit Worten oder mit Pfeilen darstellen.

Beispiel: *Uhrzeit → Temperatur*

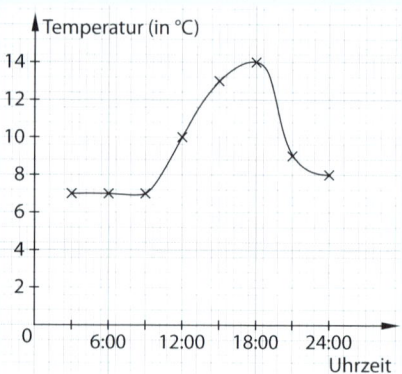

Uhrzeit	3:00	6:00	9:00	12:00	15:00	18:00	21:00	24:00
Temperatur in °C								

Auftrag: Ergänze die fehlenden Angaben im Beispiel.

Basisaufgaben

1 Ergänze mithilfe der Wortkarten zu sinnvollen Zuordnungen.
Verwende jeden Begriff genau einmal.

Freund → _____

Geburtstag → _____

Entfernung → _____

Monat → _____

Schlösser → _____

Schalter → _____

Schokoladensorte → _____

Zahl → _____

Rechteck → _____

Quadratzahl   Schlüssel   Umfang   Datum   Telefonnummer   Jahreszeit   Fahrpreis   Lampe   Menge an Kakaobutter

2 Vervollständige die Darstellung der Zuordnung:

Daten werden mit einer Geschwindigkeit von 2 MB pro Sekunde heruntergeladen.

① *Zeit in Sekunden →* _____

②

Zeit in Sekunden (x)	
0	
1	
2	
3	
5	

③

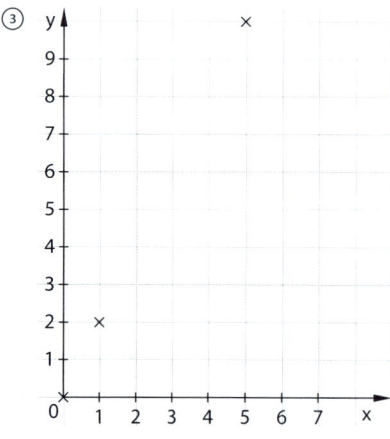

Ausgangswert → *Zugeordneter*
(x-Achse) *Wert (y-Achse)*

3

Frau Richter Herr Cil Frau Stelzer Frau Karzek Herr Anoli Herr Jansen

a) Vervollständige die Darstellung.

①

Parkdauer in Stunden	$\frac{1}{2}$	1	$1\frac{1}{2}$	2	$2\frac{1}{2}$	3	4

②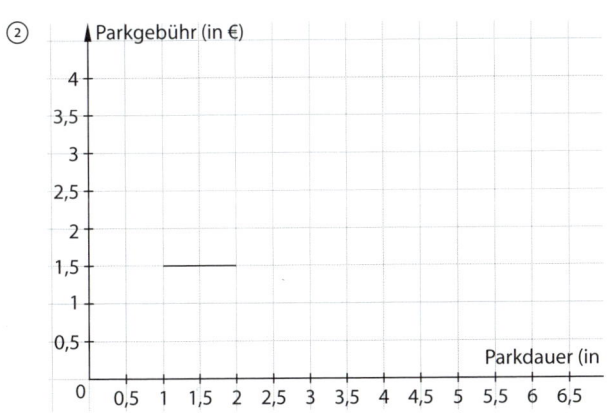

b) Ordne jeder Person die passende Parkgebühr zu.
Hinweis: Verwende die Darstellungen aus Teilaufgabe **a**.

Frau Richter zahlt _____   Herr Cil zahlt _____   Frau Stelzer zahlt _____

Frau Karzek zahlt _____   Herr Anoli zahlt _____   Herr Jansen zahlt _____

Weiterführende Aufgaben

4 Wasser fließt gleichmäßig aus dem Hahn und füllt die zunächst leeren Gefäße.
Ordne die Diagramme den passenden Gefäßen zu.
Zusatzaufgabe: Zeichne ein weiteres Gefäß und fertige den passenden Graphen an.

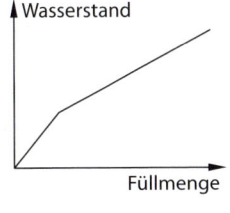 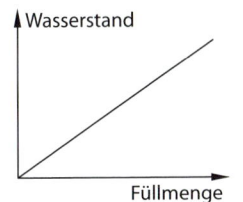 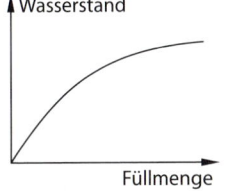 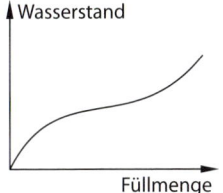

  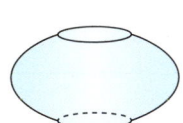 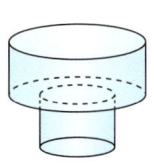

Proportionale Zuordnungen

- Bei proportionalen Zuordnungen folgt aus der Halbierung, der Verdopplung, der Verdreifachung, … eines Ausgangswerts die Halbierung, die Verdopplung, die Verdreifachung, … des zugeordneten Werts.
- Die Quotienten aus Ausgangswert und zugeordnetem Wert haben immer den gleichen Wert. (Proportionalitätsfaktor m)

Beispiel:

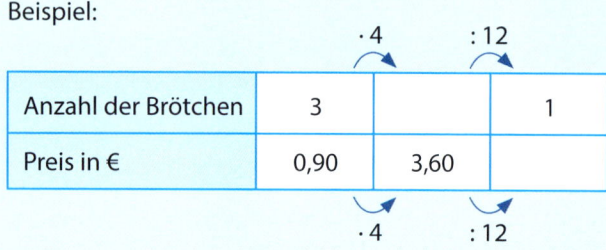

Anzahl der Brötchen	3		1
Preis in €	0,90	3,60	

Der Proportionalitätsfaktor ist _____

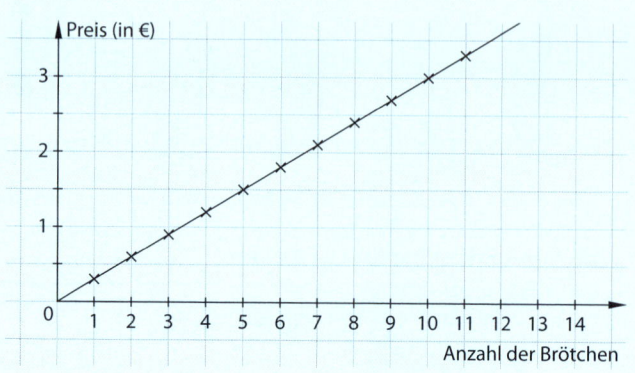

Auftrag: Vervollständige das Beispiel.

Basisaufgaben

1 Kreuze die Tabellen zu proportionalen Zuordnungen an.
Zusatzaufgabe: Verändere bei einer Zuordnung einen y-Wert, sodass eine proportionale Zuordnung entsteht.

☐
x	1	2	3	4
y	2	4	6	8

☐
x	1	2	3	4
y	3	4	5	6

☐
x	0	1	2	3
y	0	3	6	9

☐
x	10	20	30	45
y	2	4	6	8

2 Ergänze die Tabelle zur proportionalen Zuordnung.
Gib den Proportionalitätsfaktor an.

a)
Benzin in ℓ	1	10	20	30
Preis in €	1,5			

Der Proportionalitätsfaktor m ist _____

b)
Zeit in min	1	20	40	50
Wasser in ℓ		28		

Der Proportionalitätsfaktor m ist _____

c)
Arbeitszeit in h	10	20	30	40
Lohn in €				360

Der Proportionalitätsfaktor m ist _____

d)
Silber in cm³	5	10	30	40
Masse in g			315	

Der Proportionalitätsfaktor m ist _____

3 Kreuze die Koordinatensysteme mit proportionalen Zuordnungen an.

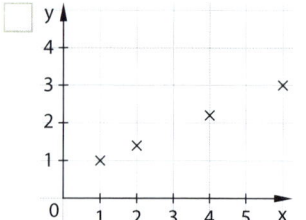

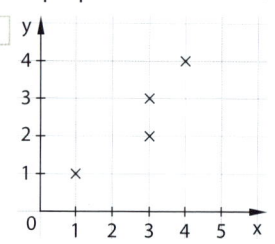

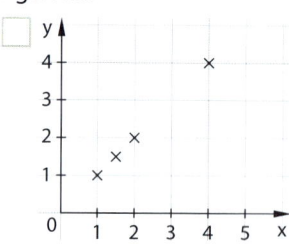

In einem Koordinatensystem liegen alle Punkte einer proportionalen Zuordnung auf einer Geraden durch den Ursprung.

4 Veranschauliche die Zuordnung im Koordinatensystem und entscheide, ob sie proportional ist.

a)

x	0	1	2	3	4	5	6
y	0	0,5	1	1,5	2	2,5	3

Proportionalität liegt … ☐ vor ☐ nicht vor

b)

x	0	1	2	3	4	5	6
y	0	2	3	3,5	4	5	5,5

Proportionalität liegt … ☐ vor ☐ nicht vor

c)

x	0	1	2	3	4	5	6
y	1	1,5	2	2,5	3	3,5	4

Proportionalität liegt … ☐ vor ☐ nicht vor

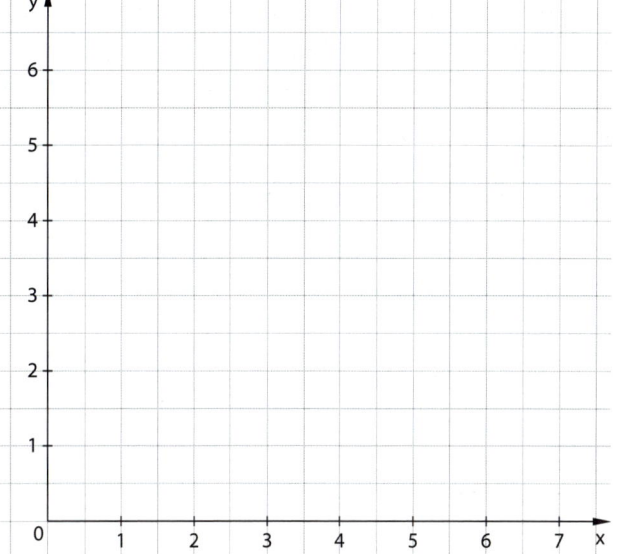

Weiterführende Aufgaben

5 Einwohnerzahlen einiger großer Städte

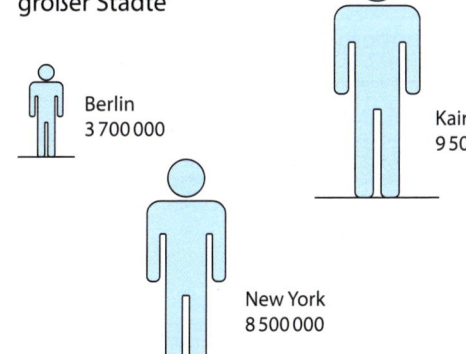
Berlin 3 700 000
Kairo 9 500 000
New York 8 500 000
Rio de Janeiro 6 400 000

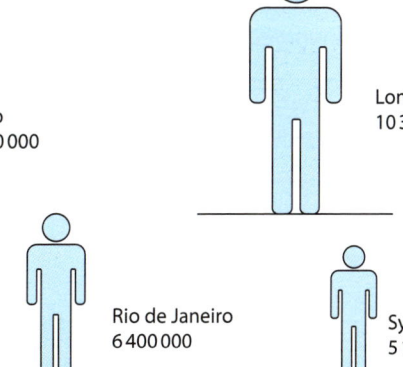

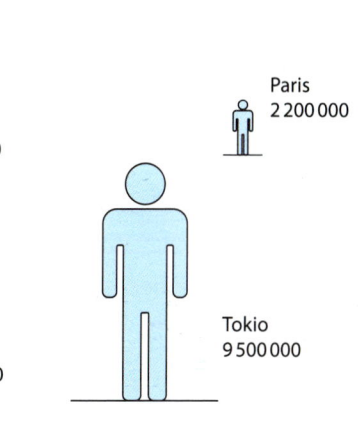
London 10 300 000
Paris 2 200 000
Sydney 5 100 000
Tokio 9 500 000

a) Veranschauliche die Zuordnung
Höhe der Person → Einwohnerzahl.
Beschreibe, woran zu erkennen ist, dass die Zuordnung proportional ist.

_____

_____

_____

b) Ermittle den Proportionalitätsfaktor.

_____

_____

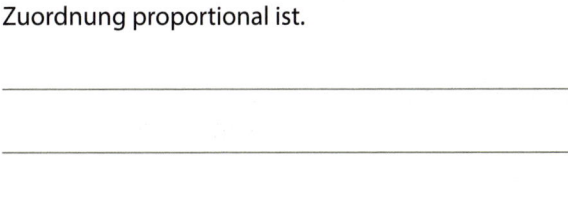

c) Max sagt: „Es sieht so aus, als ob Berlin mehr als doppelt so viele Einwohner hat wie Paris." Was meinst du dazu?

_____

_____

Antiproportionale Zuordnungen

- Bei antiproportionalen Zuordnungen folgt aus der Verdopplung, der Verdreifachung, … eines Ausgangswerts die Halbierung, die Drittelung, … des zugeordneten Werts.
- Bei einer antiproportionalen Zuordnung haben die Produkte einander zugeordneter Werte immer den gleichen Wert (Produktgleichheit)

Beispiel:

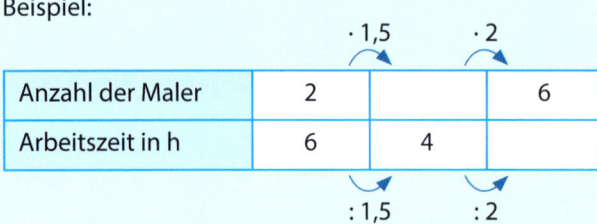

Anzahl der Maler	2		6
Arbeitszeit in h	6	4	

Das Produkt der einander zugeordneten Werte ist _____

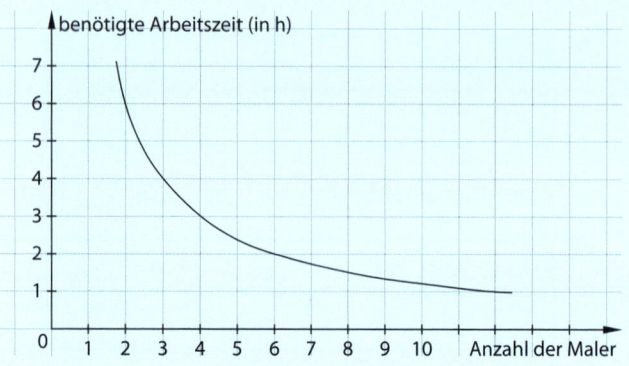

Auftrag: Vervollständige das Beispiel und trage entsprechende Punkte ins Koordinatensystem ein.

Basisaufgaben

1 Kreuze die Tabellen zu proportionalen Zuordnungen an.
Zusatzaufgabe: Verändere bei einer Zuordnung einen y-Wert, sodass eine antiproportionale Zuordnung entsteht.

☐

x	1	2	4	8
y	8	4	2	1

☐

x	1	2	3	6
y	6	3	5	1

☐

x	1	2	4	32
y	32	16	8	1

☐

x	2	5	7	11
y	2	5	7	11

2 Ergänze die Tabelle zu einer antiproportionalen Zuordnung.
Gib die Produkte der einander zugeordneten Werte an.

a)

Anzahl der Schüler	1	2	4	5
Preis pro Schüler in €	100			

Das Produkt einander zugeordneter Werte ist _____

b)

Anzahl der Arbeiter	1	2	5	15
Arbeitsdauer in h		15		

Das Produkt einander zugeordneter Werte ist _____

c)

Anzahl der Tiere	120	100	80	60
Futtervorrat in Tagen			3	

Das Produkt einander zugeordneter Werte ist _____

d)

Verbrauch in ℓ	10	5	6	40
Fahrstrecke in km				21

Das Produkt einander zugeordneter Werte ist _____

3 Kreuze die Koordinatensysteme mit antiproportionalen Zuordnungen an.
Überprüfe mithilfe der Produktgleichheit.

☐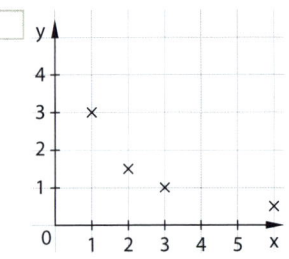

☐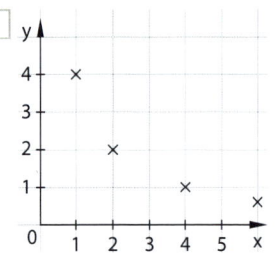

☐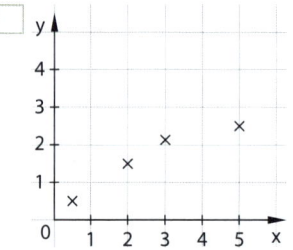

Im Koordinatensystem liegen alle Punkte einer antiproportionalen Zuordnungen auf einer Kurve. Sie heißt Hyperbel.

4 Veranschauliche die Zuordnung und entscheide, ob sie antiproportional ist.

a)

x	1	1,5	2	3	4	6
y	6	4	3	2	1,5	1

Antiproportionalität liegt … ☐ vor ☐ nicht vor

b)

x	0,48	1	1,2	2	2,4	5
y	5	2,4	2	1,2	1	0,48

Antiproportionalität liegt … ☐ vor ☐ nicht vor

c)

x	3	4	4,8	5	6	4
y	4	3	5	4,8	4	6

Antiproportionalität liegt … ☐ vor ☐ nicht vor

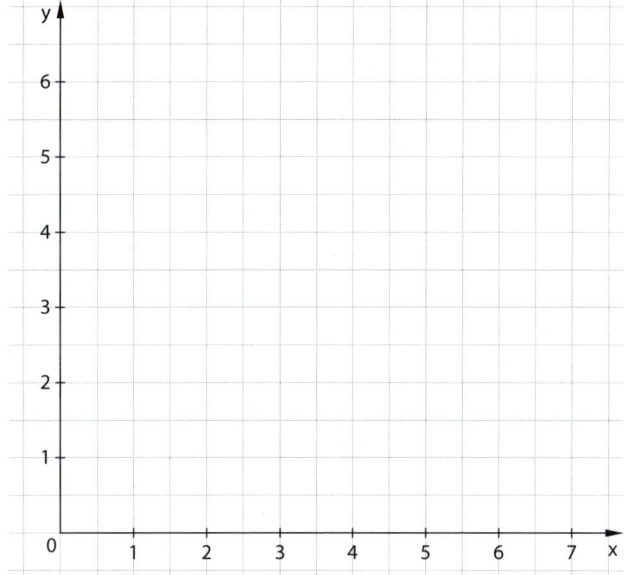

Weiterführende Aufgaben

5 1 000 Schulbücher werden verpackt.
In jedes Paket legt man gleich viele Bücher.

a) Ergänze die Tabelle.
Hinweis: Entscheide zuerst ob es sich um eine
proportionale oder antiproportionale Zuordnung handelt.

Anzahl der Pakete	4	5	8	10				
Anzahl der Bücher in einem Paket					40	25	20	10

b) Schätze, welche Pakete aus Teilaufgabe **a** du tragen kannst.

_____

_____

6 Entscheide, ob die Zuordnung proportional (p) oder antiproportional (a) oder nichts von beidem (n) ist.
Begründe deine Entscheidung.

a) *Größe eines Feldes → Ernteertrag*   ☐ p ☐ a ☐ n

_____

b) *Geschwindigkeit → benötigte Fahrzeit*   ☐ p ☐ a ☐ n

_____

c) *Körpergröße eines Menschen → Gewicht eines Menschen*   ☐ p ☐ a ☐ n

_____

d) *Größe der Konservenbüchsen → benötigte Anzahl der Konservenbüchsen*   ☐ p ☐ a ☐ n

_____

Dreisatz

- Bei proportionalen und antiproportionalen Zuordnungen können Werte mithilfe des Dreisatzes ermittelt werden.

- Schritte beim Dreisatz:
  1. Schreibe den Ausgangswert und den zugeordneten Wert.
  2. Schließe auf die „Eins" oder einen günstigen Hilfswert durch Division (Multiplikation).
  3. Schließe auf den gesuchten Wert durch Division (Multiplikation).

Beispiele:

Proportionale Zuordnung

Anzahl der Brötchen	Preis in €
12	4,80
1	
7	

:12 ↓ ·7 | :12 ↓ ·7

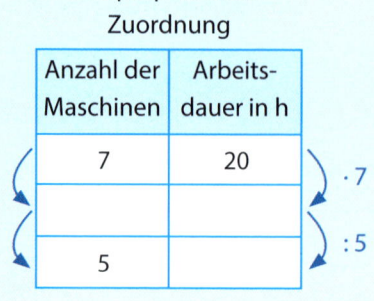

Antiproportionale Zuordnung

Anzahl der Maschinen	Arbeits- dauer in h
7	20
5	

:7 ↓ ·5 | ·7 ↓ :5

Auftrag: Ergänze die Tabellen mithilfe des Dreisatzes.

Basisaufgaben

1 Ergänze die Tabelle zu einer proportionalen Zuordnung.
Hinweis: Zeichne, wenn nötig, wie im Grundwissen Pfeile ein und gib die Rechenschritte an.

a)

Anzahl der Brötchen	Preis in €
7	3,50
1	

b)

Anzahl der Brötchen	Preis in €
1	0,45
10	

c)

Anzahl der Brötchen	Preis in €
11	3,30
1	

d)

Menge in ℓ	Wasserstand in dm
3	3,63
1	
8	

e)

Zeit in h	Strecke in km
3	150
7	

f)

Anzahl der Teile	Masse in kg
8	9,6
6	

2 Ergänze die Tabelle zu einer antiproportionalen Zuordnung.
Zusatzaufgabe: Finde weitere Beispiele für antiproportionale Zuordnungen.

a)

Anzahl der Maschinen	Arbeitsdauer in h
10	5
1	

b)

Anzahl der Maschinen	Arbeitsdauer in h
1	12
3	

c)

Anzahl der Maschinen	Arbeitsdauer in h
7	5
1	

d)

Anzahl der Personen	Preis pro Person in €
5	4
2	

e)

Anzahl der Pumpen	Arbeitsdauer in Tagen
2	4
5	

f)

Anzahl der Maurer	Arbeitsdauer in h
15	6
9	

3 Entscheide zuerst, ob es eine proportionale oder antiproportionale Zuordnung ist.
Löse die Aufgaben danach mithilfe des Dreisatzes.

a) Der Futtervorrat reicht für 2 Katzen 15 Tage. Berechne, nach wie vielen Tagen der Futtervorrat aufgebraucht ist, wenn eine dritte Katze mitgefüttert wird.

Anzahl der Katzen	Futtervorrat in Tagen

b) 7 Schälchen des Katzenfutters kosten 3,43 €. Berechne, wie viel 10 Schälchen kosten.

Anzahl der Schälchen	Preis in €

Weiterführende Aufgaben

4 Wende den Dreisatz an.

a) Aus 20 ℓ Milch lässt sich rund 1 kg Butter herstellen. Berechne, wie viel Liter Milch für ein Stück Butter (250 g) benötigt werden.

b) Sara, Lena, Emilie, Lara und Johanna wollen mit einem 5-Personen-Ticket für 14,50 € fahren.
Sara soll den Betrag für Lena und Emilie auslegen und für sich selbst bezahlen. Johanna übernimmt den Rest.
Berechne, wie viel Sara und Johanna jeweils bezahlen.

5 Mit einem Zug wird bei einer Durchschnittsgeschwindigkeit von 100 km pro Stunde ein Ziel nach 27 h erreicht.

a) Berechne, wie lange es dauern würde, bis ein Flugzeug mit einer Durchschnittsgeschwindigkeit von 900 km pro Stunde einen gleich langen Weg zurückgelegt hat.

b) Lukas sagt: *„Wenn der Zug 50 km pro Stunde fahren würde, wären wir in der Hälfte der Zeit da."*
Hat er recht? Begründe deine Meinung.

c) Ein Flugzeug überfliegt mit 900 km pro Stunde die Zugspitze. Berechne, wie weit das Flugzeug nach 20 Minuten davon entfernt ist.

proportional

anti-proportional

Teste dich

1 Ergänze die passenden Bezeichnungen aus der Prozentrechnung und aus der Zinsrechnung.

	Anteil von einem Ganzen	Größe des Anteils von einem Ganzen	Größe von einem Ganzen
Prozentrechnung			
Zinsrechnung			

2 Ermittle das Ergebnis mithilfe der Tabelle.

a) Berechne, wie viel Prozent 1,20 € von 30 € sind.

b) Bestimme 5 % p. a. von 1600 €.

c) Bei 2,5 % p. a. gibt es 156 € Zinsen. Berechne das Kapital.

3 Ergänze die Tabelle zur Zinsrechnung.

Kapital	200,00 €	200,00 €	500,00 €	1500,00 €		
Zinssatz p. a.	3 %	6,25 %			4 %	2,9 %
Jahreszinsen			37,50 €	26,25 €	32,00 €	52,20 €

4 Ermittle den Prozentwert und Grundwert.
Hinweis: Miss genau und schreibe Größenangabe zum Rechteck.

a) Schraffiere 30 % der Flächen.

b) Schraffiere 70 % der Fläche.

5 Aktionswochen im Möbelhaus
Ein Sessel kostete ursprünglich 155 €.
In der Aktionswoche wurde der Preis um 6 % gesenkt.

Finde den Fehler und rechne erneut.
Vervollständige den Antwortsatz.

Prozent	Betrag in €
106 %	155
1 %	1,46
100 %	146

Prozent	Betrag in €

Der Sessel kostet in der Aktionswoche _____ . Das sind _____ % des ursprünglichen Preises.

Wo stehe ich?

☺ Die Aufgabe kann ich sicher lösen.

☺ Die Aufgabe kann ich mit Nachschauen lösen.

☹ Ich kann die Aufgabe nicht lösen. Hier brauche ich Hilfe.

Ich kann…	☺	☺	☹	Hier kannst du üben.
… die Begriffe Grundwert, Prozentwert und Prozentsatz richtig verwenden. (Testaufgabe 1)				S. 24/25
… bei gegebenem Grundwert und Prozentsatz den Prozentwert berechnen. (Testaufgaben 2 b) und 4)				S. 26/27
… bei gegebenem Grundwert und Prozentwert den Prozentsatz berechnen. (Testaufgabe 2 a))				S. 26/27
… bei gegebenem Prozentwert und Prozentsatz den Grundwert berechnen. (Testaufgaben 2 c) und 4)				S. 26/27
… Prozentwerte bei Veränderungen berechnen. … Prozentsätze bei Veränderungen berechnen. … Grundwerte bei Veränderungen berechnen. (Testaufgabe 5)				S: 28/29
… mit Zinsen rechnen. (Testaufgabe 3)				S. 30/31

Grundbegriffe der Prozentrechnung

In der Prozentrechnung unterscheidet man zwischen

Prozentsatz p % (Anteil des Prozentwertes am Grundwert),

Prozentwert W (betrachteter und
Teil des Grundwerts)

Grundwert G. (steht für das Ganze
und entspricht 100 %)

Beispiele:

Wie viel Prozent sind 7 Schüler
von 20 Schülern?

	Prozent	Schüler	
: 20	100 %	20	: 20
· 7		1	· 7
		7	

Ermittle 16 % von 50 Schülern.

	Prozent	Schüler	
: 100	100 %	50	: 100
· 16	1 %		· 16
	16 %		

50 Schüler sind bereits angemeldet.
Das sind 20 %. Gib die Gesamtzahl an.

	Prozent	Schüler	
· 100	100 %		· 100
: 20	1 %		: 20
	20 %	50	

Auftrag: Ergänze die Berechnungen.

Basisaufgaben

1 Betrachte den eingefärbten Anteil. Ergänze passende Angaben bzw. färbe Teile ein.

Prozentsatz p %	25 %			30 %	20 %		
Prozentwert W		4				4	4
Grundwert G	4						4

2 Ermittle den Prozentsatz mithilfe der Tabelle.

a) Bestimme, wie viel Prozent 7 cm
von 20 cm sind. _____

Prozent	Länge in cm
100 %	20
	1
	7

b) Bestimme, wie viel Prozent 150 g
von 500 g sind. _____

Prozent	Masse in g

c) Bestimme, wie viel Prozent
12 min von 60 min sind. _____

Prozent	Zeit in min

3 Ermittle den Prozentwert mithilfe der Tabelle.

a) 80 % von 200 Karten sind weg.
Das sind _____

Prozent	Karten
100 %	200
1 %	
80 %	

b) 300 g Ketchup enthalten 22 %
Zucker. Das sind _____

Prozent	Masse in g

c) Von 110 € gibt es 19 % Rabatt.
Das sind _____

Prozent	Preis in €

4 Ermittle den Grundwert mithilfe der Tabelle.

a) 10 Teile (5 %) sind defekt.
Insgesamt sind es _____ Teile.

Prozent	Teile
100 %	
1 %	
5 %	10

b) 3,8 % (76 mℓ) sind Fett.
Insgesamt sind es _____ Milch.

Prozent	Milch in mℓ

c) 30 % (13,5 Punkte)
Insgesamt gab es _____ Punkte.

Prozent	Punkte

5 Berechne den Prozentsatz im Kopf.

a) 9 cm von 45 cm sind _____

b) 5 kg von 20 kg sind _____

c) 6 € von 24 € sind _____

d) 17 cm von 50 cm sind _____

e) 8,7 kg von 10 kg sind _____

f) 51 g von 300 g sind _____

6 Berechne den Prozentwert im Kopf.

a) 25 % von 80 m sind _____

b) 3 % von 200 g sind _____

c) 10 % von 60 min sind _____

d) 70 % von 8 kg sind _____

e) 75 % von 2 ℓ sind _____

f) 13 % von 20 s sind _____

7 Berechne den Grundwert im Kopf.

a) 10 % von _____ sind 7 h.

b) 15 % von _____ sind 15 m.

c) 20 % von _____ sind 8 s.

d) 19 % von _____ sind 38 €.

e) 7 % von _____ sind 8,4 €.

f) 1,5 % von _____ sind 7,5 mℓ.

Weiterführende Aufgaben

8 „Heute geben Ihnen unsere Verkäufer 16 % Rabatt auf alle Möbel und an der Kasse werden danach zusätzlich 2 % Skonto bei Barzahlung abgezogen."

a) Ein Kunde fragt, wie viel der 270 € teure Schrank heute kostet. Berechne.

_____

_____

_____

b) Max meint: „Da kann ich ja direkt 18 % vom Preis abziehen." Hat er recht? Begründe.

_____

_____

9 Ein Produkt kostet 100 €. Der Preis wurde drei Monate in Folge je um 10 % verringert.
Sind die Aussagen wahr oder falsch? Kreuze an.
Hinweis: Berechne den neuen Preis, nach jeder Preissenkung.

Das Produkt kostet jetzt 72,90 €. ☐ wahr ☐ falsch

Der Preis des Produkts hat sich insgesamt um 27,1% verringert. ☐ wahr ☐ falsch

Das Produkt wurde insgesamt 30% günstiger. ☐ wahr ☐ falsch

 Prozentwert  Prozentsatz   Grundwert

Prozentuale Veränderung

Man muss bei prozentualen Veränderungen unterscheiden, ob eine Veränderung **um** oder **auf** einen Prozentsatz betrachtet wird.

Steigerung um p %
Steigerung auf (100 + p) %

Senkung um p %
Senkung auf (100 – p) %

Beispiele:
Ein Brot kostet nach der Aktionswoche 4,32 €.
Der alte Preis wurde um 20 % erhöht.
Wie viel kostete es zuvor?

Eine Hose kostet nach der Reduzierung 59,25 €.
Es sind 25 % weniger.
Wie viel kostete sie zuvor?

100 % + 20 % = _____

Prozent	Preis in €
	3,60
1 %	
	4,32

100 % – 25 % = _____

Prozent	Preis in €
	79
1 %	
	59,25

Es kostete in der Aktionswoche _____

Die Hose kostete zuvor _____

Auftrag: Ergänze die Beispiele.

Basisaufgaben

1 Die Länge des Rechtecks stellt den Grundwert (also 100 %) dar. Vervollständige den Satz bzw. die Abbildung.

a) Die Länge verringerte sich um 30 % auf _____

b) Die Länge erhöhte sich um 20 % auf 120 %.

c) Die Länge nahm um 40 % auf _____ ab.

d) Die Länge nahm um _____ auf _____ zu.

2 Ordne die Werte zu und ergänze leere Felder.
Hinweis: Nutze zum Rechnen, wenn nötig, ein zusätzliches Blatt.

57 %   103 %   218 %   33,96 €   11,99 €   434,25 €   702,00 €

alter Preis	119,90 €	69,00 €		5,50 €	650,00 €	450,00 €
Prozentuale Steigerung/ Senkung auf …			53 %		108 %	96,5 %
Prozentuale Steigerung/ Senkung um …						
neuer Preis	123,50 €	39,33 €	18,00 €			

3 Erkläre anhand der Zeichnungen die Bedeutung der Ausdrücke „Anstieg um 110 %" und „Anstieg auf 110 %".

30 mm	33 mm

30 mm	3 mm

_____

_____

_____

_____

_____

_____

4 Berechne mithilfe des Dreisatzes.

a) Ein Händler gibt 19% Rabatt.
Statt 500 € kostet
die Couch somit

Prozent	Preis in €
100 %	500,00
1 %	
81 %	

b) Ohne 19% Mehrwertsteuer
kostet der Tisch 200 €.
Mit Steuer sind es

Prozent	Preis in €

c) Der Bestand nahm um 40% ab.
Es sind 300 Fische.
Zuvor waren es

Prozent	Fische

d) Der Bestand nahm um 20% zu.
Es waren zuvor 80 Tiere.
Jetzt sind es

Prozent	Tiere

e) 132 t Gurken wurden geerntet.
Das sind 10% mehr als im letzten
Jahr. Da waren es

Prozent	Gurken in t

f) Es wurden 36 kg Äpfel verkauft.
Das sind 90%.
Insgesamt waren es

Prozent	Äpfel in kg

Weiterführende Aufgaben

5 Löse die Aufgabe.

a) Ein Handy kostete 195,00 €. Gestern wurde der Preis um 25,2% gesenkt.
Berechne, wie viel es jetzt kostet.

_____

_____

b) Möbelhändler Holz überlegt: Soll er dem Kunden erst einen Rabatt von 3% für
die neue Couchgarnitur gewähren und dann den 4,5-prozentigen Aufschlag für
den besonderen Bezugsstoff berechnen oder soll er erst den 4,5-prozentigen
Aufschlag berechnen und danach 3% Rabatt geben? Die Standardvariante der
Couchgarnitur kostet 2 000,00 €. Begründe, welches Verfahren sinnvoller ist.

Geldbeträge werden mit
zwei Stellen nach dem
Komma angegeben.

5,3 € = 5,30 €
5 Euro und 30 Cent

_____

_____

6 Spielt zu dritt mit einem Würfel und je einer Spielfigur (z. B. einer Münze). Das Startguthaben beträgt 1 000,00 €.
Sieger ist, wer mit dem größten Betrag durch das Ziel geht.

Start ·········· erhöhe auf 110% ·········· senke auf 50% ab ·········· nimm 100 € dazu ·········· erhöhe um 30%

senke auf 20% ab ·········· erhöhe um 10% ·········· senke um 20% ab ·········· senke auf 50% ab ·········· senke auf 10% ab

erhöhe um 20% ·········· senke um 10% ab ·········· erhöhe auf 200% ·········· senke um 20% ab ·········· Ziel

Prozentwert

Prozentsatz

Grundwert

Prozentwert Prozentsatz Grundwert

Sachaufgaben zur Prozentrechnung

Schrittfolge beim Lösen von Sachaufgaben zur Prozentrechnung.

1. Schritt: Überlege, was der Grundwert, was der Prozentwert bzw. was der Prozentsatz ist.

2. Schritt: Überlege dir einen Lösungsweg , überschlage das Ergebnis und berechne dementsprechend das Ergebnis.

3. Schritt: Überprüfe, ob dein Ergebnis stimmen kann. Passt es zum Überschlag und zum Aufgabentext?

4. Schritt: Formuliere einen sinnvollen Antwortsatz.

Auftrag: Unterstreiche je Schritt höchstens drei wichtige Wörter.

Basisaufgaben

1 Vorgehen beim Lösen von Sachaufgaben

a) Unterstreiche den Grundwert, den Prozentwert und den Prozentsatz. Lege zuvor Farben fest.

☐ Grundwert   ☐ Prozentwert   ☐ Prozentsatz

① Eine Gurke ist 550 g schwer und besteht zu ca. 90 % aus Wasser. Gib die Masse an Wasser an.

② Jeden Tag sind durchschnittlich 5 % der 29 Schülerinnen und Schüler einer siebten Klasse krank. Bestimme die durchschnittliche Anzahl an Kranken.

③ Von den 1320 Schülerinnen und Schülern einer Schule gehören 165 der siebten Jahrgangsstufe an. Bestimme den Anteil in Prozent.

④ Zwölf Schülerinnen und Schüler planen eine Abschlussfeier. Das sind fünf Prozent aller Teilnehmer. Berechne die Anzahl an Personen, welche an der Feier teilnehmen.

⑤ Der Preis eines 59,99 € teuren Trikots wird um 25 Prozent reduziert. Gib den Preis nach der Reduzierung an.

⑥ Bei einer Kontrolle der Polizei wurden insgesamt 750 Fahrräder überprüft. 435 der Räder wiesen kleine Mängel auf und 15 Räder wurden wegen schwerer Mängel aus dem Verkehr gezogen.
Gib an, wie viel Prozent der Fahrräder insgesamt Mängel aufwiesen und wie viel Prozent aus dem Verkehr gezogen wurden.

b) Löse die Aufgaben aus Teilaufgabe **a.**
Zusatzaufgabe: Beurteile ob die Genauigkeit des Ergebnisses sinnvoll ist.

zu ①:

Prozent	Wasser in g

zu ②:

Prozent	Schüler

zu ③:

Prozent	Schüler

zu ④:

Prozent	Schüler

zu ⑤:

Prozent	Preis in €

zu ⑥:

Prozent	Fahrräder

2 Der Anteil an Kakaomasse und Kakaobutter einer Schokoladentafel bestimmt die Art der Schokolade.
Vervollständige die Tabelle der Durchschnittswerte für eine 120g-Tafel.
Hinweis: Verwende zum Rechnen, wenn nötig, ein zusätzliches Blatt.

	Anteil an Kakao		Anteil an Kakaobutter	
	Prozent	Gramm	Prozent	Gramm
Bitterschokolade	70 %			0 g
Zartbitterschokolade		60 g		6 g
Vollmilchschokolade	30 %		10 %	
Milchschokolade	15 %			18 g
Weiße Schokolade		0 g	20 %	

Weiterführende Aufgaben

3 *Was halten Jugendliche von Handys?*
Handys sind schon lange viel mehr als nur ein mobiles Telefon.
Viele der Jugendlichen zwischen 14 und 24 Jahren sind davon überzeugt, dass sie
auf ein eigenes Handy nicht verzichten könnten. Für 9 von 10 – das waren 1233
Befragte – ist die tägliche Nutzung selbstverständlich.
256 sind der Meinung: Wer kein Handy hat, ist isoliert, weil man sie oder ihn
beispielsweise nicht immer erreichen kann und spontane Verabredungen somit oft
nicht möglich sind. Etwa jeder Dritte besaß im letzten Jahr unterschiedliche Handys.
Obwohl mehr als 80 % mehr Vor- als Nachteile in der Handynutzung sehen, stellten
ca. $\frac{3}{4}$ aller Befragten fest, dass sie sich aufgrund der Handynutzung weniger bewegen.
Mehrere Antworten waren möglich.

Personen werden immer auf Ganze gerundet.
4,3 Personen
≈ 4 Personen

a) Gib an für wie viel Prozent der Befragten die tägliche Nutzung des Handys selbstverständlich ist.

_____

b) Berechne, wie viele Personen befragt wurden.

_____

c) Ermittle, wie viele Personen mehr Vorteile als Nachteile in der Handynutzung sehen.

_____

_____

d) Berechne, wie viele der Befragten im letzten Jahr unterschiedliche Handys besaßen.

_____

e) Gib an, wie viel Prozent der Befragten feststellten, dass sie sich aufgrund der Handynutzung weniger bewegen.

_____

f) Gib an, wie viele der Befragten nicht feststellten, dass sie sich aufgrund der Handynutzung weniger bewegen.

_____

Prozentwert

Prozentsatz

Grundwert

Zinsen

Die bei der Zinsrechnung angewendeten Rechenverfahren entsprechen denen der Prozentrechnung.
Dabei ändern sich die Begriffe:

Zinssatz p % (p.a.), (Prozentsatz p %) **Zinsen Z** (p.a.) und (Prozentwert W) **Kapital K.** (Grundwert G)

Beispiele:
Für das Leihen von 200 € sind nach einem Jahr 40 € zu zahlen. Berechne den Zinssatz.

Der Zinssatz für geduldete Überziehung beträgt 12 %.
Berechne die Jahreszinsen für 50 €.

50 € Zinsen wurden nach einem Jahr gezahlt. Der Zinssatz war 2 % p.a.
Berechne das Anfangskapital.

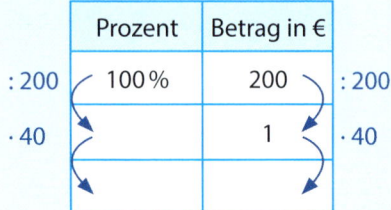

	Prozent	Betrag in €	
: 200	100 %	200	: 200
· 40		1	· 40

	Prozent	Betrag in €	
: 100	100 %	50	: 100
· 12	1 %		· 12
	12 %		

	Prozent	Betrag in €	
· 100	100 %		· 100
: 2	1 %		: 2
	2 %		

Auftrag: Ergänze die Beispiele.

Basisaufgaben

1 Ergänze den Zinssatz, die Jahreszinsen bzw. das Kapital. Nutze zum Rechnen die Tabelle.

   a) Frau Arndt leiht sich für ein Jahr 500 € und zahlt dafür 30 € Zinsen bei einem Zinssatz von _____

   b) Frau Clas legt für ein Jahr 4000 € an und erhält dafür 128 € Zinsen bei einem Zinssatz von _____

   c) Herr Drake leiht sich für ein Jahr 800 € zu einem Zinssatz von 12,5 % p.a. Seine Jahreszinsen betragen _____

   d) Herr Ernst leiht sich für ein Jahr 300 € zu einem Zinssatz von 11,5 % p.a. Seine Jahreszinsen betragen _____

   e) Frau Genz zahlte bei einem Zinssatz von 10 % nach einem Jahr 200 € Zinsen. Sie lieh sich demnach _____

   f) Herr John erhielt bei einem Zinssatz von 1,53 % nach einem Jahr 30,60 € Zinsen. Er legte demnach _____ an.

Prozent	Betrag in €

Prozent	Betrag in €

Prozent	Betrag in €

Prozent	Betrag in €

Prozent	Betrag in €

Prozent	Betrag in €

2 Ergänze die Tabelle. Rechne, wenn nötig, auf einem zusätzlichen Blatt.

Z		900 €	456,75 €	565,11 €		121,75 €	0,12 €
p %	13 %	7,5 %		13,5 %	0,5 %	0,25 %	
K	4000 €		8700 €		7860 €		137,50 €

3 Bankgeschäfte

a) Frau Schmidt erhielt nach einem Jahr 12,20 € Zinsen
für 500 €.
Herr Len bekam bei einer anderen Bank nach einem
Jahr 19,52 € Zinsen für 800 €.
Berechne, wer den höheren Zinssatz hatte.

_____

_____

b) Frau Bag legt Geld stets für ein Jahr an. Sie lässt sich
am Ende der Laufzeit die Zinsen zusammen mit dem
Anfangskapital auszahlen.
Dieses Jahr bekam sie 74,75 € Zinsen bei 2,3 % p. a.
und im letzten Jahr waren es 72,00 € bei 2,4 % p. a.
Berechne, wie viel Euro sie in den beiden Jahren
angelegt hat.

_____

_____

c) Herr Reiner leiht sich für ein Jahr 2600 € für 5,8 % p. a.
Berechne den Betrag, der nach einem Jahr an die
Bank zu zahlen ist.

_____

_____

Weiterführende Aufgaben

4 Ergänze den Satz.
Zusatzaufgabe: Überprüfe mithilfe eines Überschlags ob das Ergebnis stimmen kann.
Berechne dazu mithilfe der Ergebnisses eine der beiden gegebenen Angaben.

a) Jana hat 560 € auf ihrem Konto. Sie erhält 3,1 % Zinsen p. a. Nach einem Jahr sind _____ auf dem Konto.

b) Familie Krüger hat einen Kredit für 7,2 % Zinsen p. a., 108,00 € Zinsen zahlen sie nach einem Jahr für _____

c) Der Zinssatz bei der X-Bank beträg _____ p. a. und die nach einem Jahr zu zahlenden Zinsen 40,40 € bei einer

Kreditsumme von 1000 €. Die Bearbeitungsgebühr ist 1 %. Sie wird zuvor auf die Kreditsumme aufgeschlagen.

5 Unterstreiche den Fehler.
Hinweis: Achte auf die Verwendung der Begriffe.

a) Ein Grundwert von 5200 € wird mit einem Zinssatz von 3 % verzinst.

b) Bei einem Kredit von 2400 € zu einem Zinssatz von 6 % p. a., fallen 244 € Zinsen an.

c) Ein Kapital wird zu 4,5 % verzinst. Das entspricht einem Prozentwert von 23 € pro Jahr.

d) Bei einem Zinssatz von 1,5 % p. a. werden 42 € pro Monat gutgeschrieben.

e) Bei einem Kapital von 6700 € entsprechen Zinsen in der Höhe von 134 € einem Zinssatz von 3 %.

$G \triangleq K$
$W \triangleq Z$ (p. a.)
$p\% \triangleq p\%$ (p. a.)

Teste dich

1 Ermittle ohne Geodreieck die Größen der Winkel.

a)

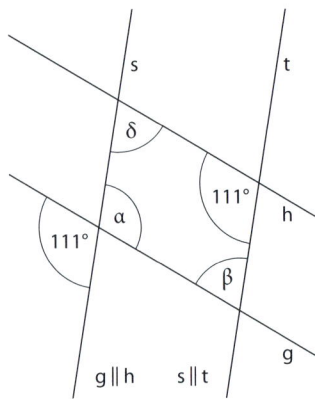

α = _____

β = _____

δ = _____

b)

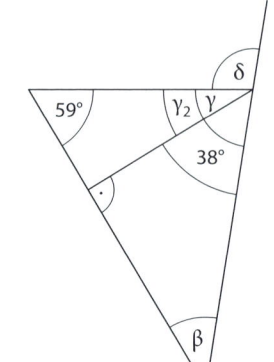

β = _____

γ = _____

γ₂ = _____

δ = _____

c)

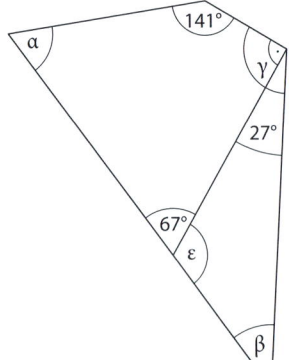

α = _____

β = _____

γ = _____

ε = _____

d)

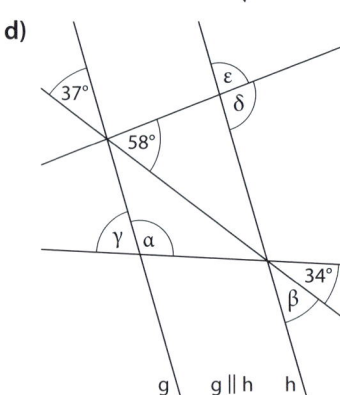

α = _____

β = _____

γ = _____

δ = _____

ε = _____

2 Berechne die fehlenden Winkelgrößen.

  a) Dreieck ABC mit …
$\qquad$ α = 70° $\qquad$ β = 35° $\qquad$ γ = _____

  b) gleichseitiges Dreieck ABC mit …
$\qquad$ α = _____ $\qquad$ β = _____ $\qquad$ γ = _____

  c) gleichschenkliges Dreieck mit …
$\qquad$ α = 42° $\qquad$ β = 69° $\qquad$ γ = _____

  d) rechtwinkliges, gleichschenkliges Dreieck mit …
$\qquad$ α = _____ $\qquad$ β = _____ $\qquad$ γ = _____

3 Innenwinkelsumme im Vieleck

  a) Ermittle die Innenwinkelsumme des Fünfecks. _____

  b) Begründe dein Ergebnis:

_____

_____

_____

_____

_____

  c) Vervollständige die Tabelle für Vielecke.

Anzahl der Ecken	3	4	5	6	7	8	9	10
Innenwinkelsumme								

Wo stehe ich?

☺ Die Aufgabe kann ich sicher lösen.

😐 Die Aufgabe kann ich mit Nachschauen lösen.

☹ Ich kann die Aufgabe nicht lösen. Hier brauche ich Hilfe.

Ich kann…	☺	☺	☹	Hier kannst du üben.
… Nebenwinkel und Scheitelwinkel erkennen. … den Nebenwinkelsatz und den Scheitelwinkelsatz anwenden. (Testaufgabe 1)				S. 34/35
… Stufenwinkel und Wechselwinkel erkennen. … den Stufenwinkelsatz und den Wechselwinkelsatz anwenden. (Testaufgabe 1)				S. 34/35
… mit dem Innenwinkelsatz die Winkelgrößen im Dreieck bestimmen. … den Basiswinkelsatz anwenden. (Testaufgabe 2)				S. 36/37
… mit dem Innenwinkelsatz die Winkelgrößen im Viereck bestimmen. (Testaufgabe 3)				S. 36/37

Winkel an Geradenkreuzungen

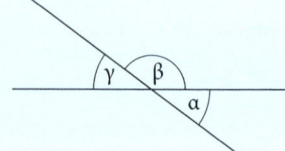

- Die benachbarten Winkel α und β an einer Geradenkreuzung nennt man
  _____ Sie ergänzen sich zu 180°.

- Die gegenüberliegenden Winkel α und γ an einer Geradenkreuzung nennt man
  _____ Sie sind gleich groß.

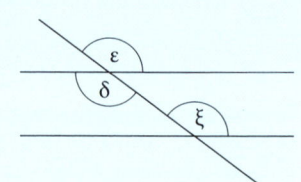

- Die beiden Winkel ξ und ε, die an zwei Geradenkreuzungen die gleiche Ausrichtung haben, heißen _____ Sie sind an geschnittenen Parallelen gleich groß.

- Die beiden Winkel ξ und δ, die an zwei Geradenkreuzungen eine entgegengesetzte Ausrichtung haben, heißen _____ Sie sind an geschnittenen Parallelen gleich groß.

Auftrag: Ergänze die Fachbegriffe.

Basisaufgaben

1 Scheitelwinkel und Nebenwinkel

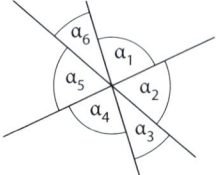

a) Färbe alle Scheitelwinkelpaare ein und gib sie an.

_____

b) Gib die Winkelpaare an, welche zusammen einen Nebenwinkel von α_1 bilden.

_____

2 Winkel an geschnittenen Parallelen

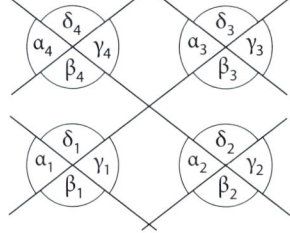

a) Markiere entsprechende Winkel.
   Lege zuvor die Farben fest.
   ☐ Scheitelwinkel zu δ_4
   ☐ Nebenwinkel zu α_1
   ☐ Wechselwinkel zu β_2
   ☐ Stufenwinkel zu γ_3

b) Benenne die Winkelpaare

α_3 und β_3 sind _____ γ_4 und α_2 sind _____

δ_2 und β_2 sind _____ γ_3 und α_3 sind _____

α_2 und α_4 sind _____ γ_4 und α_4 sind _____

γ_1 und α_3 sind _____ δ_2 und α_2 sind _____

3 Bestimme die Winkelgrößen ohne zu messen.

a)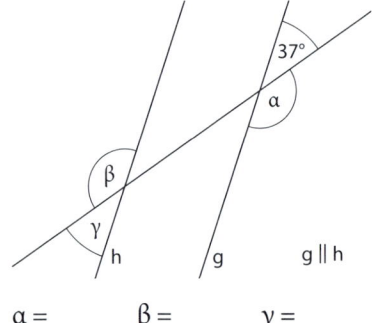

b)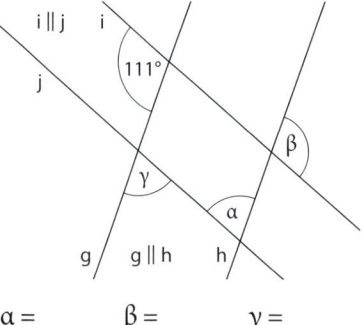

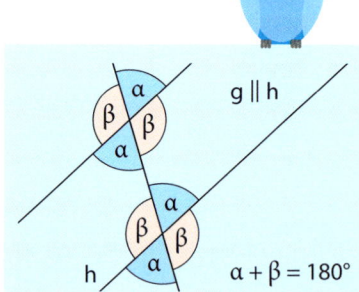

$\alpha =$ ___ $\beta =$ ___ $\gamma =$ ___ $\alpha =$ ___ $\beta =$ ___ $\gamma =$ ___

4 Entscheide, ob die Geraden g und h parallel zueinander sind. Ergänze ∥ oder ∦.
Zusatzaufgabe: Gib weitere Paare paralleler Geraden an, wenn möglich.

a)

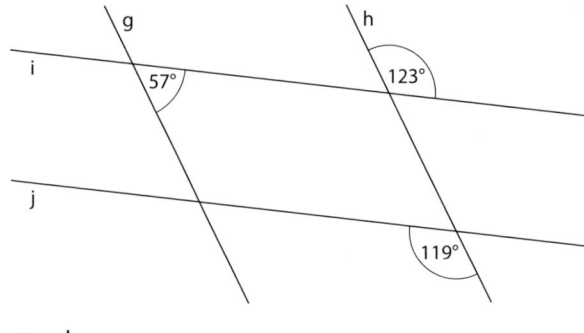

g ___ h

b)

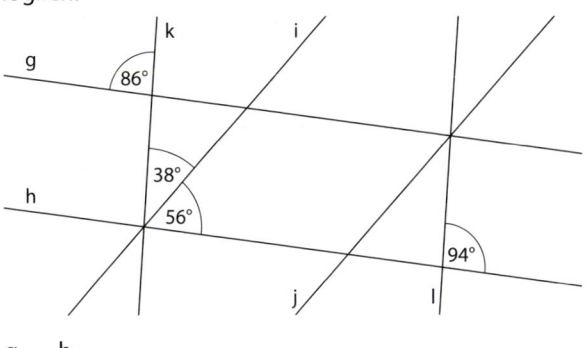

g ___ h

5 Bestimme die Winkelgrößen ohne zu messen.

a)

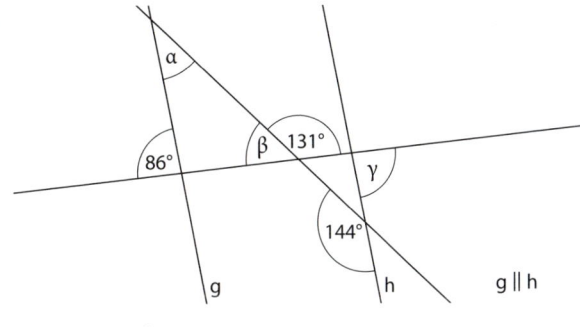

g ∥ h

α = _____   β = _____   γ = _____

b)

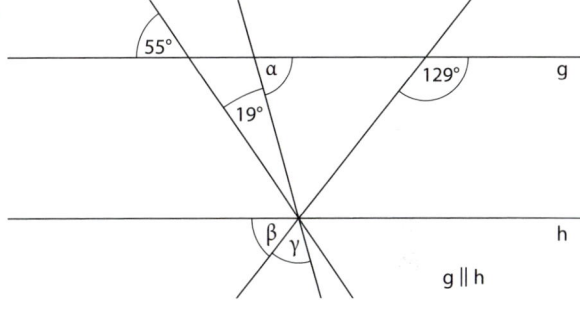

g ∥ h

α = _____   β = _____   γ = _____

6 Die Geraden g und h sind parallel zueinander.
Berechne die Größe von α.
Hinweis: Zeichne eine weitere Gerade ein.

_____

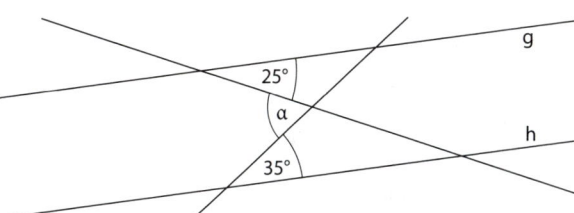

Weiterführende Aufgaben

7 Je zwei der Balken verlaufen parallel zueinander.
Bestimme mithilfe der angegebenen Winkel
20 weitere Winkelgrößen im Fachwerk.
Markiere gleich große Winkel mit der gleichen Farbe.

   ☐ ☐

____ ____ ____ ____

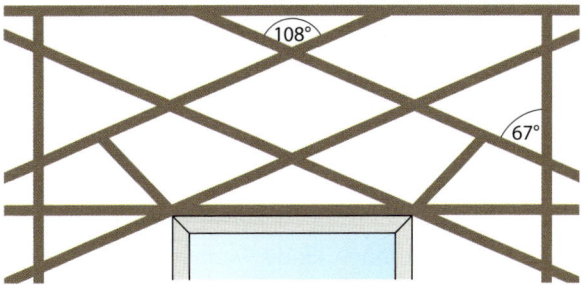

8 Begründe mithilfe der Zeichnung, dass α + β + γ = 180°.
Finde dazu weitere Winkel, die genauso groß sind wie
α, β und γ.
Formuliere einen Antwortsatz.

_____

_____

_____

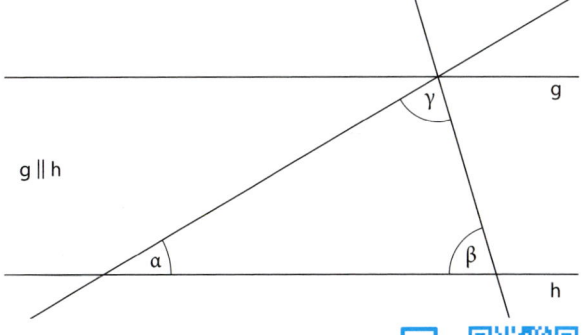

g ∥ h

Winkelsumme im Dreieck und im Viereck

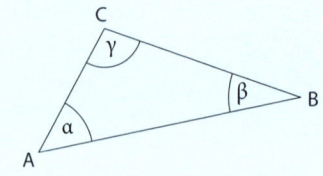

- Die Summe der Innenwinkel in einem Dreieck beträgt immer _____

  Beispiel: α + β + γ = 50° + 30° + 100° = _____

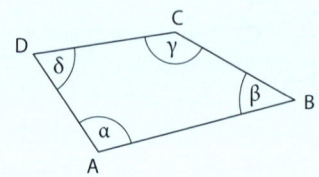

- Die Summer der Innenwinkel in einem Viereck beträgt immer _____

  Beispiel: α + β + γ + δ = 110° + 45° + 140° + 65° = _____

Auftrag: Ergänze die Innenwinkelsummen.

Basisaufgaben

1 Miss die Größen der Innenwinkel und bilde deren Summe.

a)

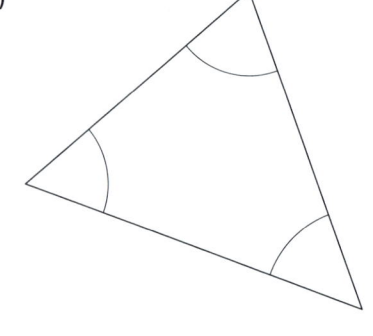

b)

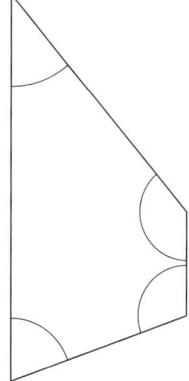

c)

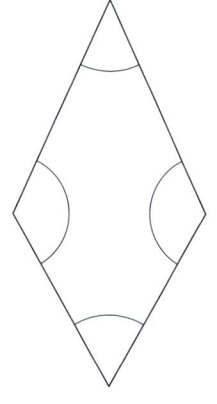

_____ _____ _____

2 Ermitteln von Innenwinkelsummen durch Abreißen von Ecken.

a) Schneide ein beliebiges Viereck aus, reiße die Ecken ab und lege sie Spitze
   an Spitze aneinander.
   Ermittle den Winkel, den die Ecken zusammen bilden.
   Zusatzaufgabe: Probiere es mit verschiedenartigen Vierecken, Dreiecken
   oder Sechsecken aus.

   _____

b) Gib die Größen der Winkel an, die zu einem Dreieck oder einem Viereck
   gehören können. Finde, wenn möglich, je zwei Lösungen.

   Dreiecke: _____

   Vierecke: _____

3 Berechne die fehlende Winkelgröße des Dreiecks.

α	120°	65°		112°	57°	73°
β	30°		30°		99°	
γ		50°	64°	5°		68°

4 Berechne die fehlende Winkelgröße des Vierecks.

α	170°	52°	95°		90°	95°
β	85°	185°		18°		95°
γ	85°		55°	256°	90°	
δ		100°	110°	34°	90°	85°

5 Bestimme die Winkelgrößen ohne zu messen.

a)

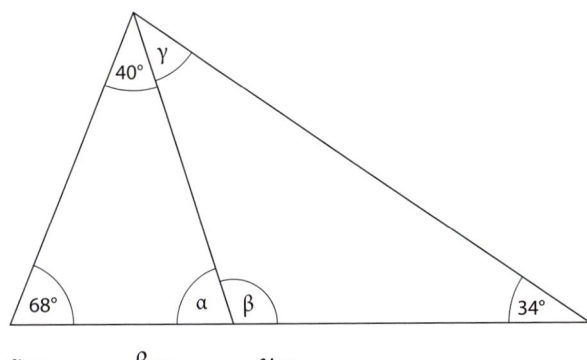

α = _____   β = _____   γ = _____

b)

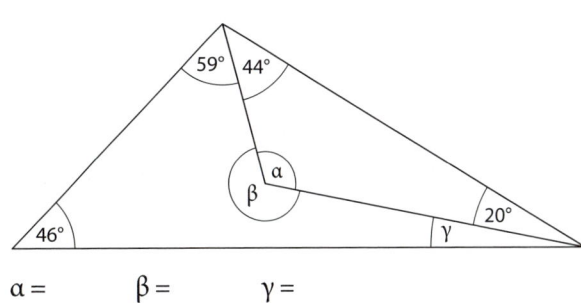

α = _____   β = _____   γ = _____

Weiterführende Aufgaben

6 Beurteile die Aussage. Begründe deine Entscheidung.

Antje sagt: *„Es gibt ein gleichschenkliges Dreieck, in dem zwei Winkel 95° groß sind."*   ☐ wahr   ☐ falsch

_____

Hanna sagt: *„Es gibt ein Dreieck, in dem alle Winkel kleiner als 50° sind."*   ☐ wahr   ☐ falsch

_____

Felix sagt: *„Es gibt ein Viereck, in dem alle Winkel 90° groß sind."*   ☐ wahr   ☐ falsch

_____

Elise sagt: *„Es gibt ein Viereck, in dem je zwei Winkel gleich groß sind."*   ☐ wahr   ☐ falsch

_____

Chiram sagt: *„Es gibt ein Dreieck mit zwei stumpfen Winkeln."*   ☐ wahr   ☐ falsch

_____

7 Beschreibe, wie die Innenwinkelsumme relativ schnell bestimmt werden kann, und gib diese an. Hinweis: Zeichne Linien ein.

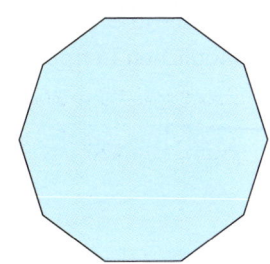

_____

_____

_____

Dreieck   Viereck

Teste dich

1 Konstruiere ein Dreieck ABC mit
c = 8 cm;
b = 4 cm und
γ = 90°.
Beschrifte.

2 Zeichne das Dreieck ABC mit den Eckpunkten A(3|2), B(12|5) und C(6|10) in das Koordinatensystem ein.
  a) Bestimme die Koordinaten der Mittelpunkte von Umkreis M und Inkreis W.
  b) Gib die Schnittpunkte der Höhen und der Seitenhalbierenden an.

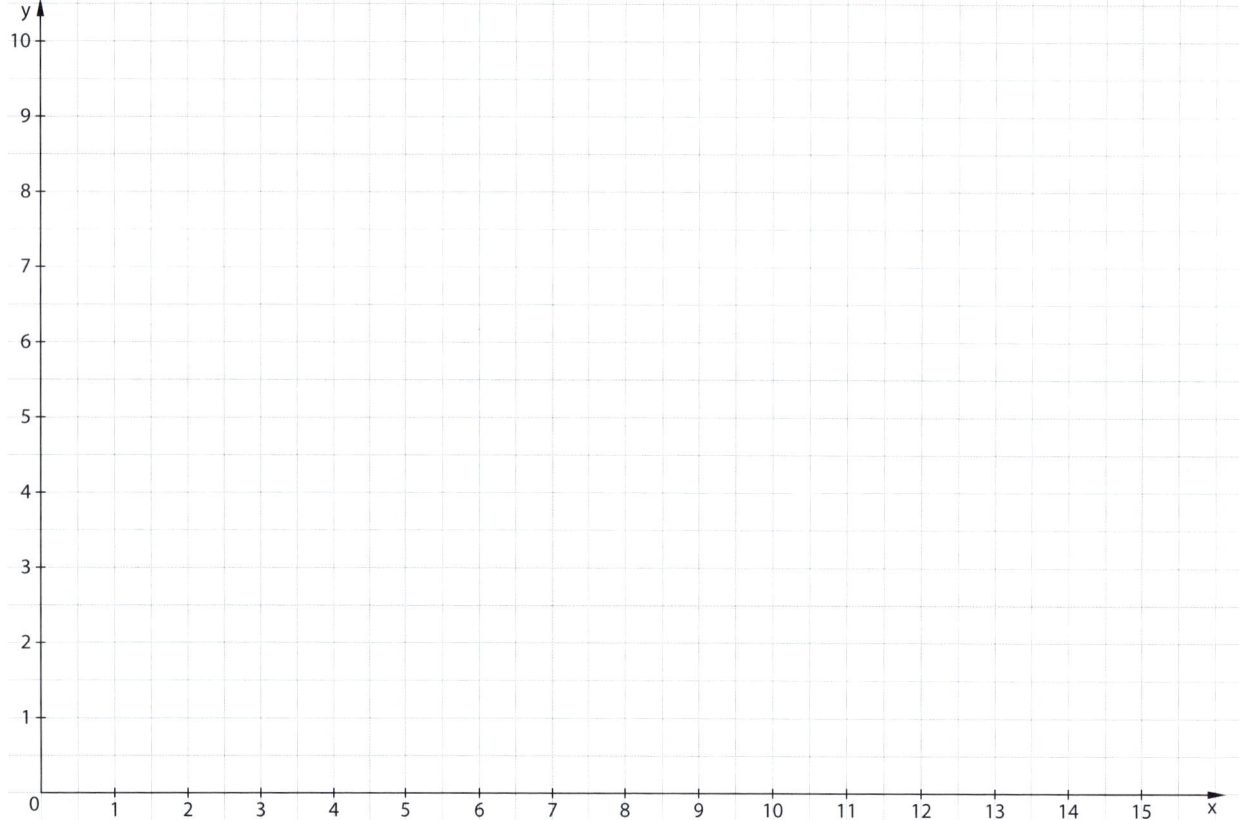

3 Die Häuser von Familie Gemütlich und Familie Bequemlich
stehen 800 m von der Kreuzung an der Dorfkirche
entfernt. Frau Gemütlich ruft Frau Bequemlich an und
sagt, dass sie sich noch einmal treffen müssen.
Natürlich wollen beide gleich weit gehen, aber jede
maximal 300 m.
Ermittle in einer Zeichnung im Maßstab 1 : 100 alle
möglichen Treffpunkte.

Wo stehe ich?

☺ Die Aufgabe kann ich sicher lösen.

😐 Die Aufgabe kann ich mit Nachschauen lösen.

☹ Ich kann die Aufgabe nicht lösen. Hier brauche ich Hilfe.

Ich kann…	☺	😐	☹	Hier kannst du üben.
… den Kongruenzsatz sss anwenden. … den Kongruenzsatz sws anwenden. … den Kongruenzsatz SsW anwenden. … den Kongruenzsatz wsw anwenden. (Testaufgabe 1)				S. 40/41 S. 42/43
… Probleme mit Dreieckskonstruktionen lösen. (Testaufgabe 3)				S. 41 S. 43
… Mittelsenkrechten und Winkelhalbierende konstruieren. (Testaufgabe 3)				S. 44/45
… Umkreis und Inkreis im Dreieck konstruieren. (Testaufgabe 2 a))				S. 46/47
… Seitenhalbierende und Höhen im Dreieck konstruieren. (Testaufgabe 2 b))				S. 48/49
… den Satz des Thales und seine Umkehrung anwenden. (Testaufgabe 1)				S. 50/51

sss

sws

Dreieckskonstruktionen – Kongruenzsätze sss und sws

- Ein Dreieck ist eindeutig konstruierbar, wenn alle drei Seitenlängen gegeben sind (sss).

  Beispiel (sss): Konstruiere das Dreieck ABC mit a = 2 cm; b = 2,5 cm und c = 3 cm.

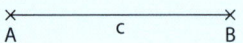
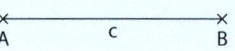
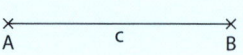
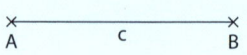

| 1. Zeichne c = 3 cm mit den Punkten A und B. | 2. Zeichne um A einen Kreisbogen mit dem Radius b = 2,5 cm. | 3. Zeichne um B einen Kreisbogen (a = 2 cm). | 4. Benenne den Schnittpunkt der Bögen mit C. Verbinde. |

- Ein Dreieck ist eindeutig konstruierbar, wenn zwei Seitenlängen und die Größe des eingeschlossenen Winkels gegeben sind (sws).

  Beispiel (sws): Konstruiere das Dreieck ABC mit b = 2,5 cm; c = 3 cm und α = 30°.

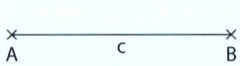
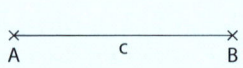
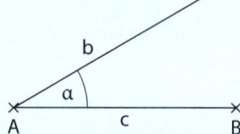
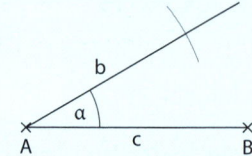

| 1. Zeichne c = 3 cm mit den Punkten A und B. | 2. Zeichne in A an c den Winkel α = 30° an. | 3. Trage an dem freien Schenkel b = 2,5 cm ab. | 4. Benenne C und verbinde C mit A. |

Auftrag: Ergänze den fehlenden Schritt in der Zeichnung.

Basisaufgaben

1 Ergänze zu einem Dreieck ABC mit den gegebenen Größen (sss). Beschrifte.
   Hinweis: Fertige zuerst eine Planfigur auf einem zusätzlichen Blatt an.

   a) a = 7 cm; b = 5 cm und c = 6 cm   **b)** a = 4,5 cm; b = 5 cm und c = 6,7 cm

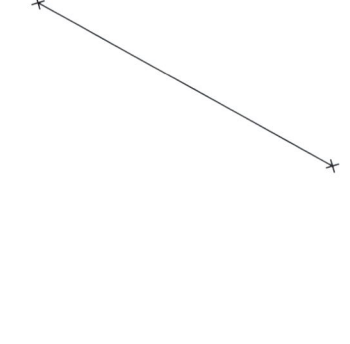

2 Zeichne an jede Seite des blauen Dreiecks ein gleichseitiges Dreieck mit der gleichen Seitenlänge.
   Zusatzaufgabe: An das entstandene Dreieck werden an den Seiten erneut gleichseitige Dreiecke gezeichnet. Bestimme, wie oft das blaue Dreieck in die Figur passt.

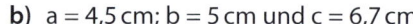

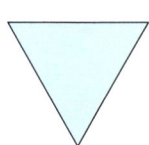

3 Konstruktion von Dreiecken nach sws
   ① b = 5 cm; c = 6 cm und α = 90°
   ② a = 6,5 cm; b = 4,6 cm und γ = 58°

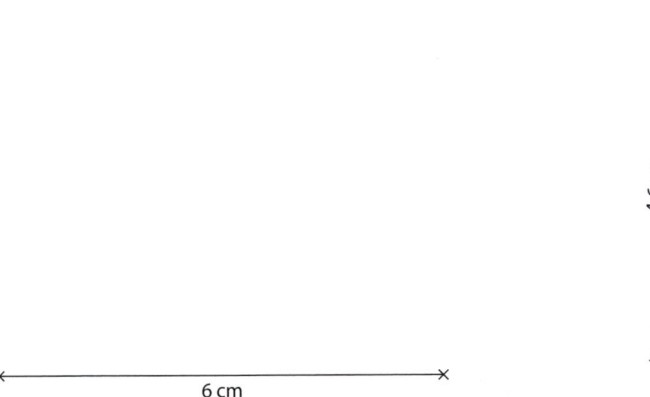

4,6 cm

6 cm

a) Ergänze zu einem Dreieck ABC mit den gegebenen Größen. Beschrifte.
   Fertige zuerst eine Planfigur auf einem zusätzlichen Blatt an.
b) Gib in der Zeichnung alle drei Seitenlängen und Winkelgrößen an.
c) Gib die drei Angaben an, mit denen die Konstruktion von Dreieck ② nach sws eindeutig ausführbar ist.
   Es gibt zwei weitere Möglichkeiten.

Weiterführende Aufgaben

4 Gegeben ist eine Planfigur zur Bestimmung der Breite eines Sees.
Vom Standpunkt A aus sind es 35 m bis zum östlichen Ende und 40 m bis
zum westlichen Ende des Sees. Die Gehrichtungen öffnen sich in einem
Winkel von 95°.
a) Vervollständige die Planfigur.
b) Fertige eine Zeichnung im Maßstab 1 : 500 an.
c) Bestimme die Breite des Sees.

Maßstab 1 : 500		
1 cm	≙	500 cm = 5 m
in der Zeichnung		in der Wirklichkeit

Planfigur:

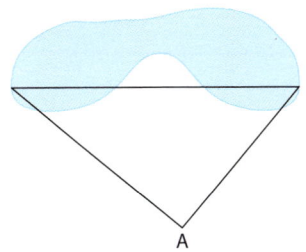

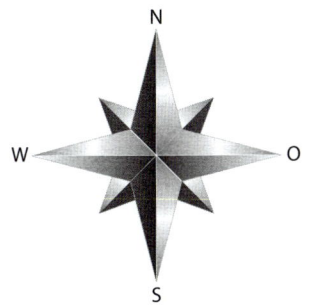

Dreieckskonstruktionen – Kongruenzsätze wsw und SsW

- Ein Dreieck ist eindeutig konstruierbar, wenn eine Seitenlänge und die Größen der beiden anliegenden Winkel gegeben sind (wsw).

  Beispiel (wsw): Konstruiere das Dreieck ABC mit c = 3 cm; α = 20° und β = 50°.

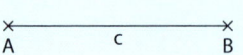  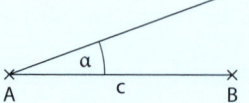 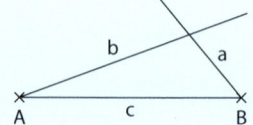

1. Zeichne c = 3 cm mit den Punkten A und B.	2. Zeichne in A an c den Winkel α = 20° an.	3. Zeichne in B an c den Winkel β = 50° an.	4. Benenne den Schnittpunkt der Schenkel mit C.

- Ein Dreieck ist eindeutig konstruierbar, wenn zwei Seitenlängen und der Winkel, der der längeren Seite gegenüberliegt, gegeben sind (SsW).

  Beispiel (SsW): Konstruiere das Dreieck ABC mit a = 2 cm; c = 4 cm und γ = 110°.

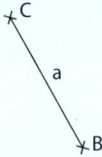 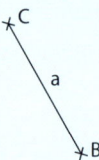 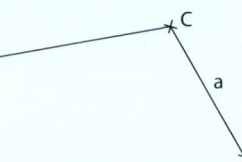 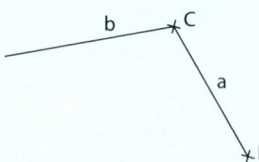

1. Zeichne a = 2 cm mit den Punkten B und C.	2. Zeichne in C an a den Winkel γ = 110° an.	3. Zeichne um B einen Kreisbogen (c = 4 cm).	4. Benenne den Schnittpunkt mit A. Verbinde.

Auftrag: Ergänze den fehlenden Schritt in der Zeichnung.

Basisaufgaben

1 Konstruktion von Dreiecken nach wsw

① c = 5,5 cm; α = 90° und β = 45°   ② a = 6,2 cm; β = 55° und γ = 61°

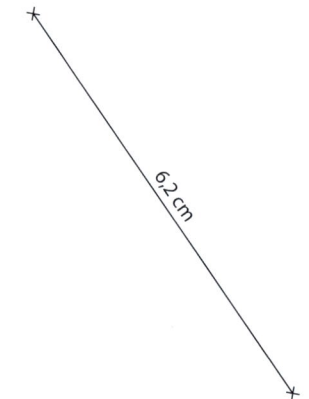

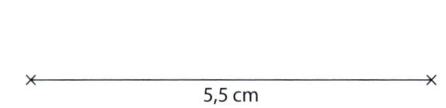

5,5 cm

a) Ergänze zu einem Dreieck ABC mit den gegebenen Größen. Beschrifte es.
   Hinweis: Fertige zuerst eine Planfigur auf einem zusätzlichen Blatt an.

b) Gib in der Zeichnung alle drei Seitenlängen und Winkelgrößen an.

c) Gib die drei Angaben an, mit denen die Konstruktion von Dreieck ② nach wsw eindeutig ausführbar ist.
   Es gibt zwei weitere Möglichkeiten.

_____   _____

2 Ergänze zu einem Dreieck ABC mit den gegebenen Größen (SsW). Beschrifte.
Fertige zuerst eine Planfigur auf einem zusätzlichen Blatt an.

a) a = 6 cm; c = 7 cm und γ = 90°

b) a = 7,8 cm; b = 3 cm und α = 130°

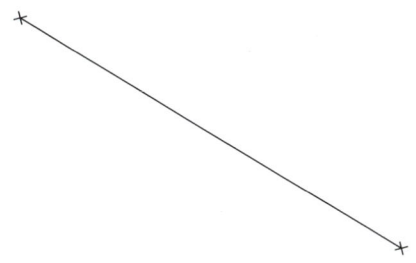
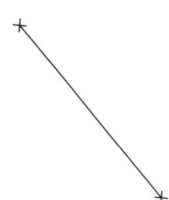

3 Ergänze zuerst zu unterschiedlichen Dreiecken ABC mit a = 6,5 cm; c = 7 cm und α = 60°.
Gib danach die Größen so an, dass die Konstruktion von Dreieck ABC nach SsW eindeutig ausführbar ist.
Fertige zuerst eine Planfigur auf einem zusätzlichen Blatt an.

①   ②

_____

_____

Weiterführende Aufgaben

4 Der Mammutbaum „General Sherman Tree" im Giant Forest des Sequoia-
Nationalparks im US-Bundesstaat Kalifornien ist einer der voluminösesten
lebenden Bäume der Erde.
Steht man 100 m vom Baum entfernt, sieht man aus 2 m Höhe seine Spitze
aus einem Winkel von 39°.

a) Veranschauliche mithilfe einer Skizze, wie mit den
Angaben die Höhe des Baumes näherungsweise
ermittelt werden kann.

b) Ermittle auf einem zusätzlichen Blatt mithilfe einer
maßstäblichen Zeichnung die Höhe des Mammutbaums.

_____

Zusatzaufgabe: Ermittle, wie viel Mal höher der
„General Sherman Tree" als ein Unterrichtsraum und der höchste Baum oder
das höchste Haus in deiner Umgebung ist.

Mittelsenkrechte und Winkelhalbierende

Beispiele:

- Konstruktion der Mittelsenkrechten m einer Strecke $\overline{AB}$
  1. Zeichne je einen Kreis mit dem Radius r = $\overline{AB}$ um A und B.
     Die Kreise schneiden sich in zwei Punkten C und D.
  2. Die Gerade durch C und D ist die Mittelsenkrechte von $\overline{AB}$.

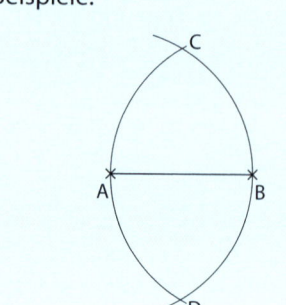

- Konstruktion der Winkelhalbierenden w_α eines Winkels α
  1. Zeichne einen Kreis mit beliebigem Radius um S.
     Die Schnittpunkte mit den Schenkeln des Winkels sind A und B.
  2. Zeichne Kreise mit gleichem Radius um A und B.
     Sie schneiden sich im Punkt F.
  3. Die Gerade SF ist die Winkelhalbierende von α.

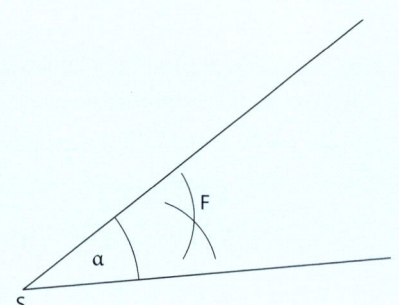

Auftrag: Ergänze in den Beispielen die Mittelsenkrechte und die Winkelhalbierende.

Basisaufgaben

1 Konstruiere die Mittelsenkrechte CD.

a)

b)

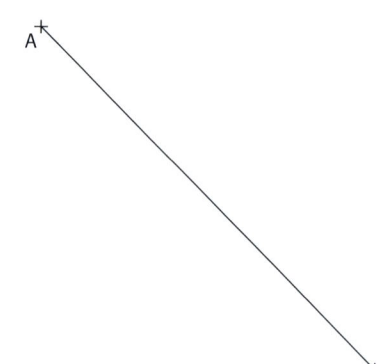

2 Konstruiere die Winkelhalbierende ohne Verwendung eines Winkelmessers (Geodreieck).

a) spitzer Winkel

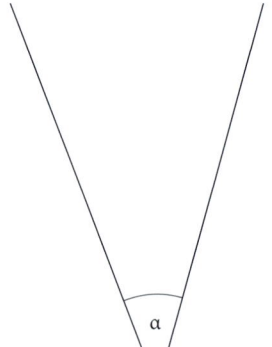

b) stumpfer Winkel

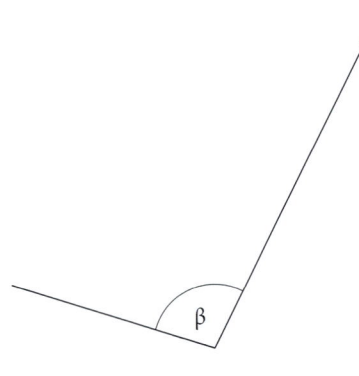

c) überstumpfer Winkel

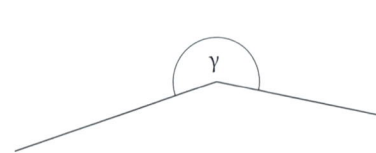

3 Konstruiere zu jeder Seite des Parallelogramms ABCD die Mittelsenkrechte.
Zusatzaufgabe: Färbe die Fläche zwischen den Mittelsenkrechten ein und nenne die Art dieser Fläche.

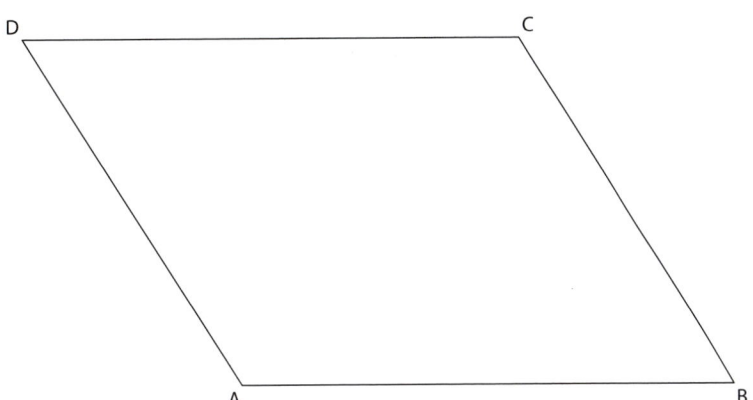

4 Konstruiere die Winkelhalbierenden der Innenwinkel.

a) gleichschenkliges Trapez

b) Parallelogramm

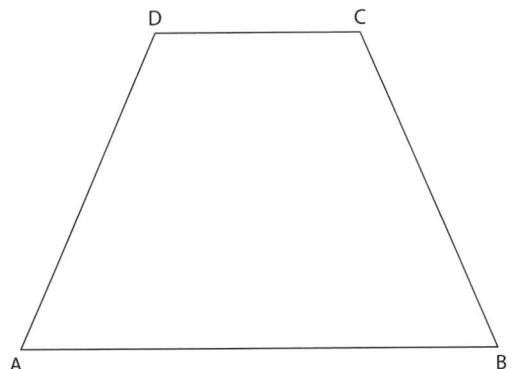

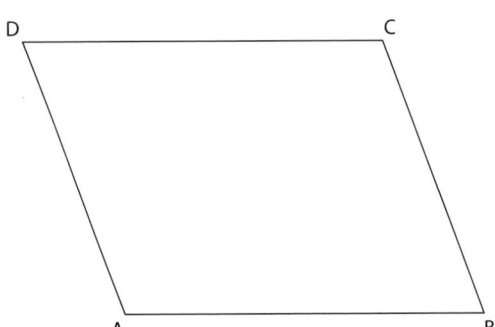

Weiterführende Aufgaben

5 Kreuze Zutreffendes an.

- Die Mittelsenkrechte einer Strecke verläuft durch den Mittelpunkt der Strecke und steht senkrecht auf ihr. ☐ wahr ☐ falsch
- Auf der Mittelsenkrechten von $\overline{AB}$ liegen alle Punkte, die von A und B den gleichen Abstand haben. ☐ wahr ☐ falsch
- Die Winkelhalbierende eines Winkels α teilt diesen in drei gleich große Teile. ☐ wahr ☐ falsch
- Auf der Winkelhalbierenden liegen alle Punkte, die von den Schenkeln des Winkels den gleichen Abstand haben. ☐ wahr ☐ falsch

6 Jana sagt: *„g ist die Mittelsenkrechte der Strecke $\overline{AB}$."*
Diego sagt: *„g ist die Winkelhalbierende von δ."*
Was meinst du dazu?

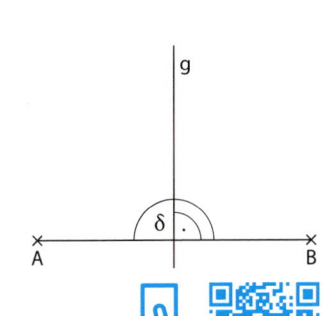

Umkreis und Inkreis beim Dreieck

- Der Umkreis eines Dreiecks ist der Kreis, auf dem alle Eckpunkte des Dreiecks liegen. Sein Mittelpunkt ist der Schnittpunkt der Mittelsenkrechten der Dreiecksseiten.

- Der Inkreis eines Dreiecks ist der Kreis, der alle Seiten des Dreiecks innen berührt. Sein Mittelpunkt ist der Schnittpunkt der Winkelhalbierenden der Innenwinkel des Dreiecks.

Beispiel:

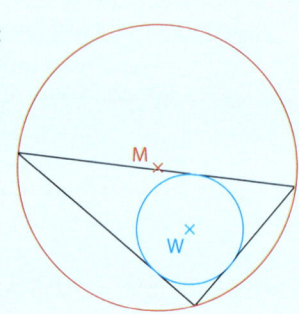

Auftrag: Ergänze in der Zeichnung die Mittelsenkrechten und die Winkelhalbierenden.

Basisaufgaben

1 Konstruiere die Mittelsenkrechten aller Seiten des Dreiecks.
Zeichne anschließend den Umkreis.
Zusatzaufgabe: Untersuche, wie die Lage des Mittelpunktes des Umkreises von der Dreiecksart abhängt.

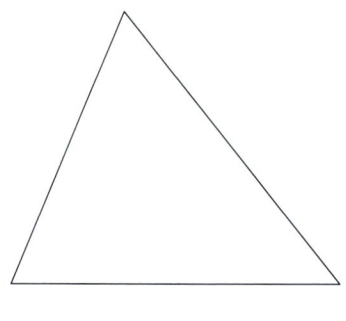

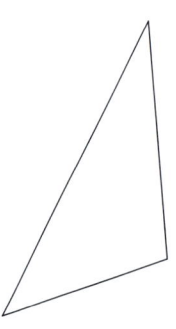

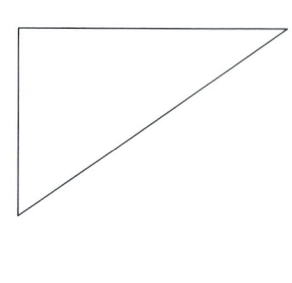

spitzwinkliges Dreieck   stumpfwinkliges Dreieck   rechtwinkliges Dreieck

_____

_____

_____

2 Konstruiere die Winkelhalbierenden der Winkel des Dreiecks. Zeichne anschließend den Inkreis.

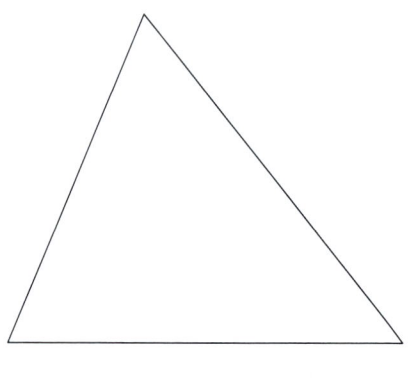

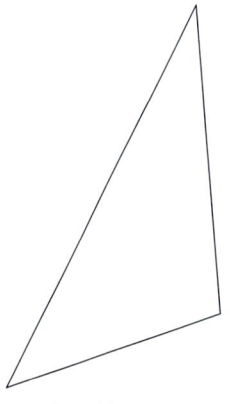

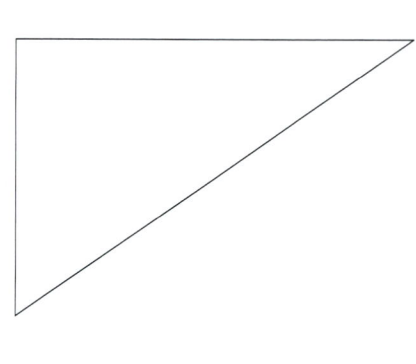

spitzwinkliges Dreieck   stumpfwinkliges Dreieck   rechtwinkliges Dreieck

3 Dreiecke

a) Mia sagt: *„Ich habe zwei Dreiecke gezeichnet. In einem halbiert eine Winkelhalbierende die gegenüberliegende Seite und im anderen Dreieck nicht.“*

Kann das stimmen? Wenn ja, zeichne entsprechende Dreiecke.

b) Ben sagt: *„Ich habe ein Dreieck gezeichnet, in dem die Mittelsenkrechte einer Seite durch den Mittelpunkt einer anderen Seite des Dreiecks verläuft.“*

Um was für ein Dreieck handelt es sich? Kreuze an.

Hinweis: Zeichne unterschiedliche Dreiecke mit Mittelsenkrechten auf ein zusätzliches Blatt.

- ☐ Ben zeichnete ein Dreieck mit drei spitzen Winkeln.
- ☐ Ben zeichnete ein Dreieck mit einem rechten Winkel.
- ☐ Ben zeichnete ein Dreieck mit einem stumpfen Winkel.

Weiterführende Aufgaben

4 Kreuze Zutreffendes an.

- Der Mittelpunkt des Inkreises und der Mittelpunkt des Umkreises können direkt aufeinander liegen.   ☐ wahr   ☐ falsch
- Der Schnittpunkt der Winkelhalbierenden eines Dreiecks liegt immer innerhalb des Dreiecks.   ☐ wahr   ☐ falsch
- Der Schnittpunkt der Mittelsenkrechten eines Dreiecks liegt immer außerhalb des Dreiecks.   ☐ wahr   ☐ falsch

5 Ein Rettungshubschrauber soll so stationiert werden, dass er die drei eingezeichneten Orte gleich schnell erreichen kann. Schlage einen Standort vor und begründe deine Entscheidung.

_____

_____

_____

6 Parallelogramm

a) Zeichne die Winkelhalbierende jedes Winkels des Parallelogramms ein.

b) Beurteile, ob man auch im Parallelogramm mithilfe der Winkelhalbierenden einen Inkreis zeichnen kann.

_____

_____

Höhe und Seitenhalbierende im Dreieck

- In einem Dreieck nennt man das Lot von einem Eckpunkt auf die gegenüberliegende Seite (Grundseite) die Höhe auf der Grundseite.
  Zu jeder Dreiecksseite a, b und c gibt es eine zugehörige Höhe h_a, h_b und h_c.

- Eine Seitenhalbierende verbindet den Mittelpunkt einer Dreiecksseite mit dem gegenüberliegenden Eckpunkt. Die drei Seitenhalbierenden s_a, s_b und s_c schneiden einander im Schwerpunkt des Dreiecks.

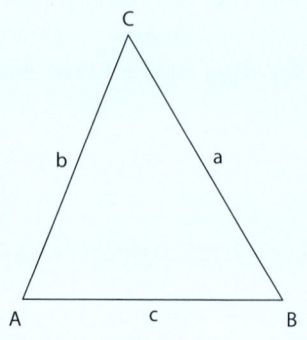

Auftrag: Ergänze in der Zeichnung die Höhen und den Schnittpunkt der Seitenhalbierenden.

Basisaufgaben

1 Beschrifte das Dreieck und gib die Längen der Höhen an.

$h_a =$ _____

$h_b =$ _____

$h_c =$ _____

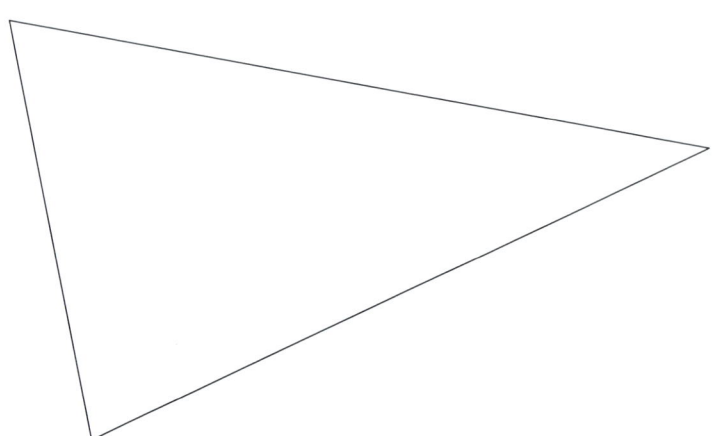

2 Zeichne die Höhe aller Dreiecksseiten in das Dreieck ein.
Hinweis: Die Höhe einer Seite kann auch außerhalb des Dreiecks liegen.

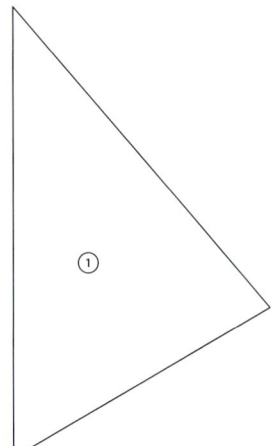
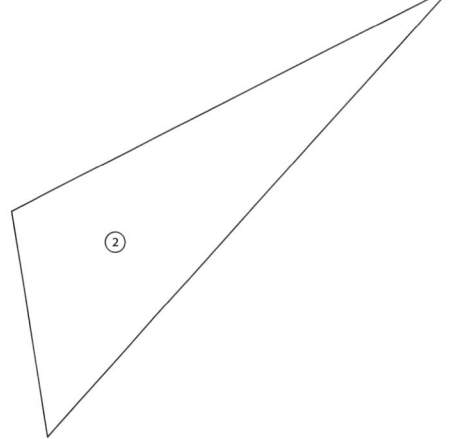
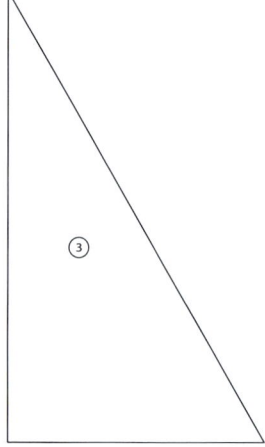

Zusatzaufgabe: Betrachte die eingezeichneten Höhen. Was fällt dir auf?

_____

_____

3 Ermittle den Schwerpunkt des Dreiecks. Was fällt dir auf?

a) spitzwinkliges Dreieck

b) stumpfwinkliges Dreieck

c) rechtwinkliges Dreieck

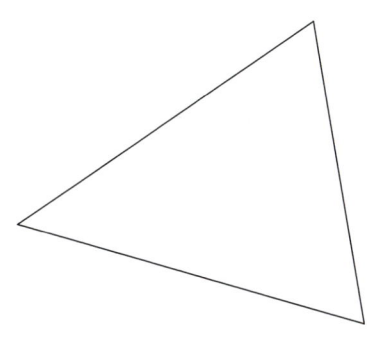
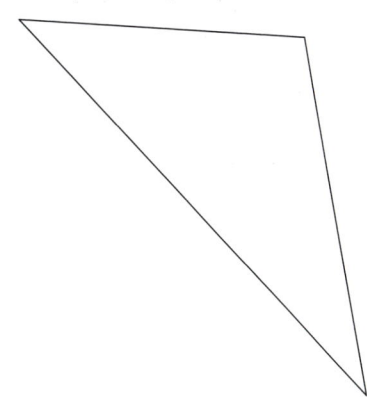
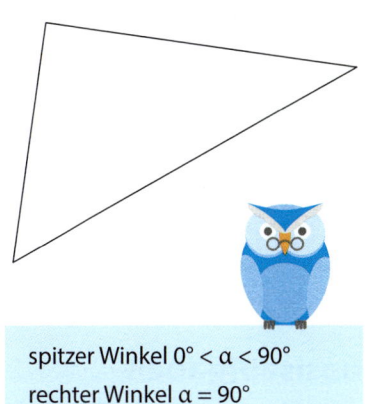

spitzer Winkel $0° < \alpha < 90°$

rechter Winkel $\alpha = 90°$

stumpfer Winkel $90° < \alpha < 180°$

Weiterführende Aufgaben

4 Ein dreieckiges Waldstück wird durch die Punkte A(1,5|1), B(7|3) und C(0|6,5) abgegrenzt. Es sollen neue Wanderwege geschaffen werden, um die Ruinen im Punkt R(2,5|3,5) leichter zugänglich zu machen.

a) Zeichne das Waldstück ABC und die Ruinen R in das Koordinatensystem ein.

b) Der erste neue Wanderweg wird durch die Seitenhalbierende s_c beschrieben. Der zweite Wanderweg wird durch die Höhe h_a beschrieben. Zeichne die neuen Wanderwege ein.

c) Beurteile, ob die Ruinen durch die neuen Wanderwege leichter erreichbar sind.

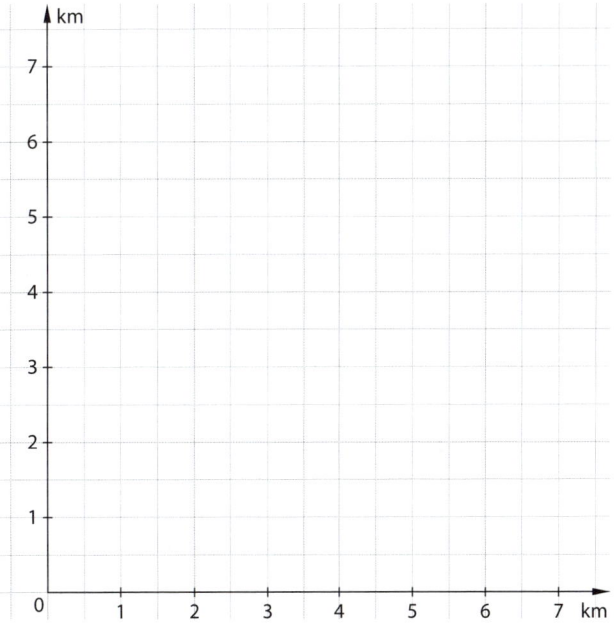

d) Es wird vorgeschlagen einen weiteren Wanderweg von B aus senkrecht auf die Strecke $\overline{AC}$ anzulegen. Zeichne den Wanderweg in das Koordinatensystem ein und beurteile ob er für die Erschließung des Waldstücks sinnvoll ist.

5 Gegeben ist ein Dreieck ABC.

a) Zeichne die Höhe und die Seitenhalbierende der Seite c ein.

b) Beschreibe unter welchen Bedingungen Höhe und Seitenhalbierende aufeinander liegen.

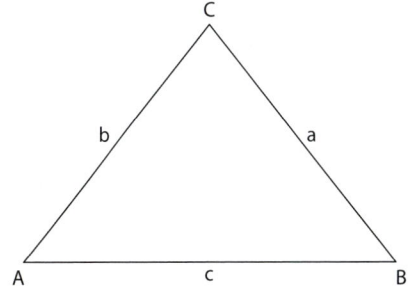

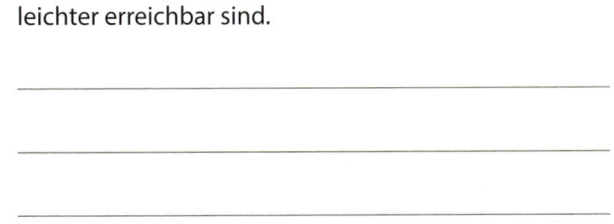

Satz des Thales

- Der Thaleskreis über einer Strecke $\overline{AB}$ ist der Kreis mit dem Durchmesser $\overline{AB}$.

- Satz des Thales:
  Wenn in einem Dreieck ABC der Punkt C auf dem Thaleskreis über $\overline{AB}$ liegt, dann hat das
  Dreieck bei C einen rechten Winkel.

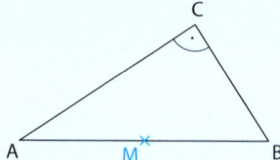

Auftrag: Zeichne im Beispiel den Thaleskreis über $\overline{AB}$ ein.

Basisaufgaben

1 Zeichne drei rechtwinklige Dreiecke in den Halbkreis ein.
Markiere die rechten Winkel.

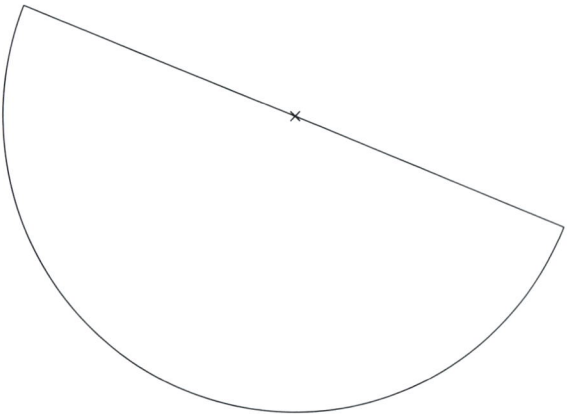

2 Überprüfe nur mit einem Zirkel, ob das Dreieck rechtwinklig ist. Markiere gegebenenfalls den rechten Winkel.
Hinweis: Winkelmesser, Geodreieck und andere Hilfsmittel zum Messen rechter Winkel sind nicht zu verwenden.

a)

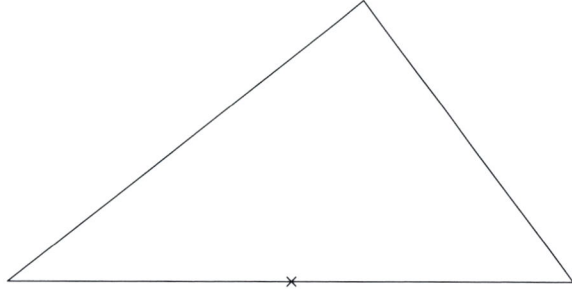

b)

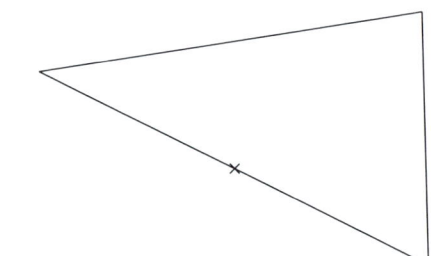

c)

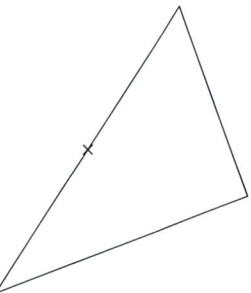

d)

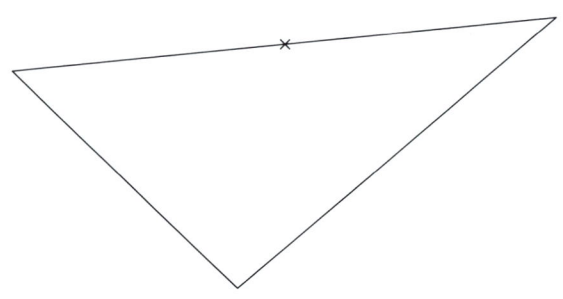

Zusatzaufgabe: Nenne die Art des Dreiecks der Teilaufgaben **b** und **d**.

_____

_____

3 Die längste Seite eines rechtwinkligen Dreiecks ist 5 cm lang.
Die kürzeste Seite ist 3 cm lang.
Ermittle mithilfe einer Zeichnung die fehlende Seitenlänge.

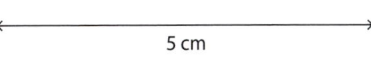

5 cm

4 Zeichne mithilfe der Angaben ein rechtwinkliges Dreieck ABC.

a) b = 5 cm; c = 3,5 cm und β = 90°

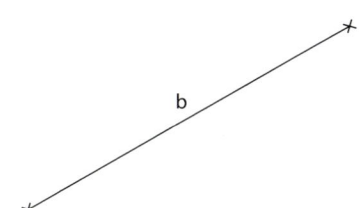

b

b) a = 5 cm; c = 2 cm und α = 90°

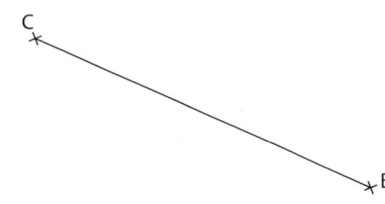

Weiterführende Aufgaben

5 Berechne alle fehlenden Winkelgrößen. Nutze dabei keine Hilfsmittel zum Messen.

a)

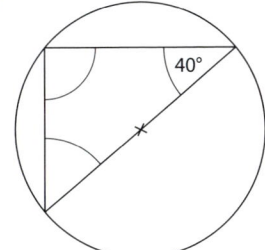

40°

b)

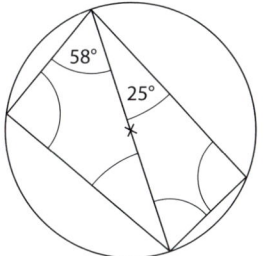

58°

25°

Winkelsumme im Dreieck: 180°
Winkelsumme im Viereck: 360°

6 Karim lässt seinen Drachen steigen.
Der Wind weht stark, sodass der Drachen in einem Winkel
von 54° in der Luft ist.
Die 8 m lange Drachenschnur ist vollständig ausgefahren.
Löse mit dem Satz des Thales.

a) Bestimme die Flughöhe des Drachens
(Maßstab 1:100).

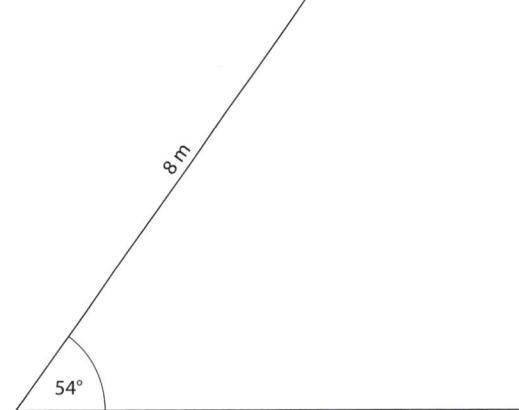

8 m

54°

b) Der Wind lässt nach. Der Winkel der Drachenschnur
zum Boden halbiert sich. Ergänze die Zeichnung und
ermittle die Flughöhe des Drachens.

c) Da der Wind schwächer wird, fährt Karim die
Drachenschnur um 2 m ein.
Ergänze die Zeichnung und ermittle die Flughöhe
des Drachens.

Teste dich

1 Kanten eines Quaders

a) Gib die Summe der Längen aller Kanten mit einem Term an.

_____

b) Berechne die Summe der Längen aller Kanten für
a = 5 cm, b = 3 cm und c = 2 cm.

_____

2 Berechne die Termwerte.

	$3 \cdot x$	$36 : x$	$2x + 5$
Wert des Terms für $x = \frac{1}{2}$			
Wert des Terms für $x = 1{,}2$			
Wert des Terms für $x = 2$			
Wert des Terms für $x = -3$			

3 Kreuze jede richtige Lösung an.
Hinweis: Bei zwei Aufgaben gibt es mehrere Lösungen.

a) $5x - 7 = 13$ ☐ 1 ☐ 2 ☐ 3 ☐ 4 ☐ 5

b) $3x - 15 = 2x + 5$ ☐ 10 ☐ 20 ☐ 30 ☐ 40 ☐ 50

c) $48 = x \cdot x + 47$ ☐ −2 ☐ −1 ☐ 0 ☐ 1 ☐ 2

d) $-12 + x - 3 = x - 15$ ☐ 1 ☐ 5 ☐ 7 ☐ 100 ☐ 0,5

4 Gib passende Äquivalenzumformungen an. Markiere gegebenenfalls Fehler und gib die Lösung an.

a) $9y = 5 - 3y + 7$ | _____

  $12y = 12$ | _____

  $y = 1$ Lösung: _____

b) $5x + 7 - 3x = 15$ | _____

  $2x = 15$ | _____

  $x = 7{,}5$ Lösung: 7,5

5 Stelle eine passende Gleichung auf und gib deren Lösungen an.

a) Mia sagt: „Wird 45 zu einer Zahl addiert, so ist das Ergebnis 61."

_____

b) Ben sagt: „Wird 27 von einer Zahl subtrahiert, so ist das Ergebnis 41."

_____

c) Maria sagt: „Wird zum Doppelten einer Zahl 38 addiert, so ist das Ergebnis 52."

_____

6 Gina macht eine Wandertour. In den ersten zwei Nächten hat sie in Hotels übernachtet und dafür insgesamt 64 € ausgegeben. Für die kommenden Nächte plant sie, in Herbergen für nur 16 € pro Nacht zu schlafen. Berechne, mithilfe einer Ungleichung, die Anzahl der möglichen weiteren Übernachtungen bei einem Budget von 120 €.

_____

_____

Wo stehe ich?

☺ Die Aufgabe kann ich sicher lösen.

😐 Die Aufgabe kann ich mit Nachschauen lösen.

☹ Ich kann die Aufgabe nicht lösen. Hier brauche ich Hilfe.

Ich kann…	☺	😐	☹	Hier kannst du üben.
… Terme mit einer Variablen aufstellen. … den Wert eines Terms berechnen. (Testaufgaben 1 und 2)				S. 54/55 S. 56/57
… Gleichungen durch Probieren und durch Rückwärtsrechnen lösen. (Testaufgaben 3)				S. 58/59
… Gleichungen durch Äquivalenzumformungen lösen. (Testaufgabe 4)				S. 60/61
… Gleichungen mit leerer Lösungsmenge und mit unendlich vielen Lösungen lösen (Testaufgabe 3)				S. 58/59 S. 61
… Sachprobleme durch Modellieren mit Gleichungen und Ungleichungen lösen. (Testaufgaben 5 und 6)				S. 62/63
… Ungleichungen lösen. (Testaufgabe 6)				S 64/65

 aufstellen   berechnen

Variablen und Terme

- Variablen sind Symbole, die für Zahlen oder Größen stehen. Häufig verwendet man Kleinbuchstaben als Variablen.

- Terme sind Rechenausdrücke, die Zahlen, Variablen, Klammern und Rechenoperatoren enthalten können.

  Beispiele:

  | $5 \cdot x$ | $12x - 4y - 4$ | $(x \cdot y)^2 - 2$ | (2) | $a + b + c - d + 45$ | $4\,m - 4\,dm$ |

- Wenn man für die Variablen eines Terms Zahlen oder Größen einsetzt, dann lässt sich der Wert des Terms berechnen.
  Beispiel: Wird in $a : 2 + 5b$ für $a = 9$ und für $b = 2$ eingesetzt, so ist der Wert des Terms _____ ,

  denn _____ $: 2 + 5 \cdot$ _____ _____ $=$

Auftrag: Berechne den Wert des Terms.

Basisaufgaben

1 Sinnvolle Ausdrücke

   a) Gib mithilfe der Karten sechs Terme an.

   _____

   _____

   b) Bilde aus den Karten einen Term mit dem Wert 0.

   _____

   _____

$1\frac{2}{3}$	7	$+$
$)$		-4
$($	$-$	-1
$-0{,}25$	3	$\cdot$
b	$:$	a

Zusatzaufgabe:

Bilde einen Term in dem jede Karte mindestens ein Mal verwendet wird.

2 Ergänze den fehlenden Term bzw. Satz.

   a) Verdreifache a.   [ ]

   b) _____ $b + (-7)$

   c) Ein Viertel von c.   [ ]

   d) _____ $5\,d + 8$

   e) Das Produkt zweier aufeinander folgender natürlicher Zahlen.   [ ]

Eine Summe ist das Ergebnis einer Addition. Ein Produkt ist das Ergebnis einer Multiplikation.

3 Berechne die Werte.

	$2n - 1$	$-\frac{3}{2}n + 5$	$n \cdot n - 4n + 1$	$\frac{1}{2n}$
Wert des Terms für $n = 2$				
Wert des Terms für $n = -5$				
Wert des Terms für $n = 0{,}02$				
Wert des Terms für $n = \frac{1}{3}$				
Wert des Terms für $n = 0$				

4 Die Figuren wurden aus gleich langen Stäben gelegt und verkleinert.

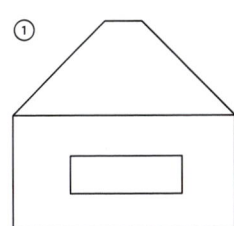 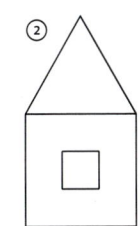 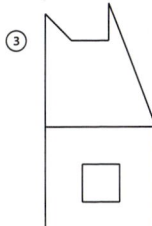 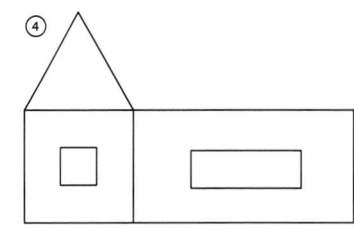

a) Markiere gleich lange Stäbe mit der gleichen Farbe.

b) Die Gesamtlänge der Stäbe einer Figur ist gesucht. Schreibe hinter jeden Term die Nummer der passenden Figur.
Hinweis: Es muss nicht gemessen werden.

Terme mit Variablen

| 6b + 4d |

| b + b + b + b + b + b + d + d + d + d |

| a + b + a + c + b + c + b + b + d + d + d |

| 2a + 9b + 6d |

| a + b + b + b + c + 4d + 3d |

| 2a + 4b + 2c + 3d |

| 1a + 3b + 1c + 7d |

Terme mit eingesetzten Längen

| 2 · 30 cm + 9 · 15 cm + 6 · 5 cm |

| 1 · 30 cm + 3 · 15 cm + 1 · 17,5 cm + 7 · 5 cm |

| 15 cm + 15 cm + 15 cm + 15 cm + 15 cm + 15 cm + 5 cm + 5 cm + 5 cm + 5 cm |

| 6 · 15 cm + 4 · 5 cm |

| 2 · 30 cm + 4 · 15 cm + 2 · 17,5 cm + 3 · 5 cm |

| 225 cm | | 170 cm | | 110 cm | | 127,5 cm |

Weiterführende Aufgaben

5 Streichholzmuster

a) Bestimme die Anzahl der Streichhölzer für Stufe 5.

_____

b) Gib an, für wie viele Stufen 100 Streichhölzer reichen.

_____

c) Einer der Terme ist zur Berechnung der Gesamtzahl
der benötigten Hölzer von Stufe 1 bis n geeignet.
Kreuze diesen an.
☐ $(3 \cdot n)^2$ ☐ n^2 ☐ $12n - 8$ ☐ $3 + n^2$

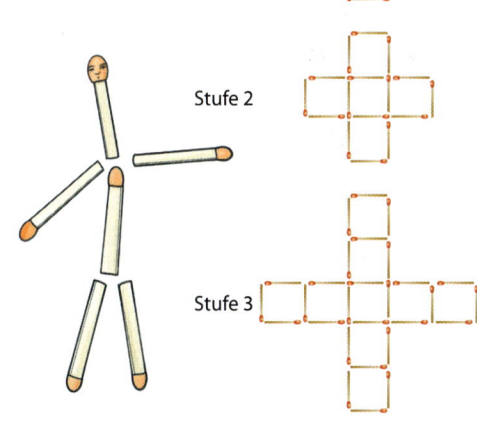

Stufe 1

Stufe 2

Stufe 3

6 Das Eckstück einer Treppe soll mit Fliesen versehen werden.
Vervollständige die Tabelle.

Nummer der Stufe (n)	Gesamtzahl aller Fliesen bis zu dieser Stufe	Anzahl der Fliesen dieser Stufe	Anzahl der Fliesen der nächsten Stufe
1	1	1	3 (= 2 · 1 + 1)
2			
3			
10			
n			

Terme vereinfachen

- Zwei Terme heißen äquivalent (gleichwertig), wenn gilt: Setzt man für die Variablen in beiden Termen die gleichen Zahlen ein, so haben beide Terme den gleichen Wert.

- Man kann mit Termen rechnen wie mit rationalen Zahlen. Für solche Rechnungen (Termumformungen) gelten die gleichen Rechengesetze: Assoziativgesetz, Kommutativgesetz, Distributivgesetz.

Beispiele: $3a + a \neq 5a$,   da z. B. $3 \cdot 2 + \underline{} \neq 5 \cdot \underline{}$

$7d + 5d - 4d + 2 = \underline{}$

$4 \cdot (x - 3) = \underline{}$

Auftrag: Vervollständige die Beispiele.

Basisaufgaben

1 Fasse so weit wie möglich zusammen.

a) $2x + 10x = \underline{}$

b) $21a - 16a = \underline{}$

c) $-8b + 3b = \underline{}$

d) $-1{,}5y + 2y = \underline{}$

e) $-3v + 12v - 9v = \underline{}$

f) $-x - 2x - 3x = \underline{}$

g) $1{,}45r - 0{,}95r = \underline{}$

h) $-2{,}2p - 2{,}22p = \underline{}$

i) $-\frac{3}{4}z + \frac{1}{2}z - \frac{1}{4}z = \underline{}$

2 Fasse so weit wie möglich zusammen.
Hinweis: Es gibt Terme, die nicht weiter zusammengefasst werden können.

a) $18a + 5a - 2a + a - 7a = \underline{}$

b) $17x - 3x + 18 - x + 5 = \underline{}$

c) $11b - 8b - 3 + b - 1 = \underline{}$

d) $27m - 2m + 13 - 4m + 15 = \underline{}$

e) $1{,}43x + 2{,}48x = \underline{}$

f) $12 - 2b + 96 - 8b = \underline{}$

g) $5 + y - 15 = \underline{}$

h) $3o + 14o - 16 = \underline{}$

i) $\frac{1}{2} + \frac{1}{4}x - \frac{1}{4} = \underline{}$

j) $6{,}2x + 8{,}1 + 1{,}3x = \underline{}$

k) $\frac{2}{3}c + \frac{4}{3} - \frac{1}{3}c - 1 = \underline{}$

l) $2{,}8r - 5{,}1r + 7{,}1 - 4{,}7r = \underline{}$

m) $\frac{3}{4}d - d - \frac{1}{2}d + 2d = \underline{}$

n) $x - 0{,}1x - 0{,}01x - 0{,}001x = \underline{}$

3 Ergänze die fehlenden Terme in der Additionsmauer.

a)

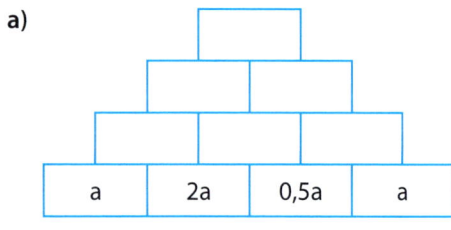

b)

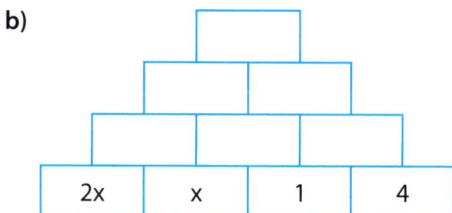

4 Fasse den Term so weit wie möglich zusammen.

a) $2 \cdot (x + 4) = \underline{}$

b) $-4 \cdot (8 + a) = \underline{}$

c) $0{,}5 \cdot (12b - 2) = \underline{}$

d) $(7s - 3s) \cdot 3 = \underline{}$

e) $(-3y - 2) \cdot (-5) = \underline{}$

f) $\frac{1}{4} \cdot (-28m + 96) = \underline{}$

g) $0{,}5 \cdot (4x - 8) = \underline{}$

h) $(0{,}8 + 0{,}7n) \cdot 3 = \underline{}$

i) $(-\frac{2}{4}z + \frac{1}{2}z) \cdot 0{,}67 = \underline{}$

5 **a)** Gib einen Term zur Berechnung des Umfangs und des Flächeninhalts der Figur an.

b) Fass den Term des Umfangs möglichst weit zusammen.

Zusatzaufgabe: Miss benötigte Streckenlängen und berechne den Umfang.

①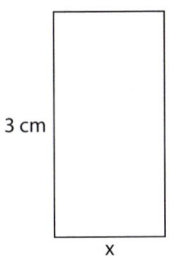

②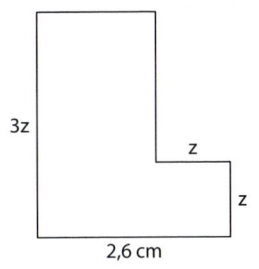

③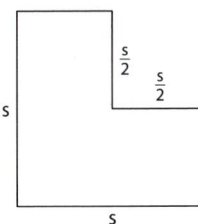

Umfang:

_____

_____

_____

Umfang:

_____

_____

_____

Umfang:

_____

_____

_____

Flächeninhalt:

_____

_____

Flächeninhalt:

_____

_____

Flächeninhalt:

_____

_____

6 Markiere äquivalente Terme mit derselben Farbe.

| $2x + 1$ | | $2x + 3$ | | $3 + 2x$ | | $2x + 2$ |

| | $1 + 2 - 1 + 2x + 1$ | | $1 + x + x + 2$ | | $x + 2x + 2$ | |

| $x + 2 + x$ | | $1 + 2x + 2$ | | $2 \cdot x + 3$ | | |

„äquivalent" bedeutet „gleichwertig".

Weiterführende Aufgaben

7 Die Klassenfahrt der 7c wird geplant. Die Busfahrt kostet pro Person, pro Strecke 8,10 €. Für die Unterkunft werden 800,00 € Grundgebühr für die Organisation bzw. Reinigung und 60,00 € pro Schüler für 5 Übernachtungen inkl. Halbpension berechnet.

a) Stelle einen Term auf, mit dem man die Kosten der Klassenfahrt berechnen kann. Gib die Bedeutung der Variablen an.

_____

_____

b) Zwei Schüler sind krank. Passe die Formel aus Teilaufgabe **a** an.

_____

c) Berechne die Kosten bei 24 Schülern und Hin- und Rückfahrt mit Bus.

_____

_____

 probieren   rückwärts

Gleichungen

- Eine Gleichung besteht aus zwei Termen, die durch ein Gleichheitszeichen verbunden sind.

- Eine Lösung der Gleichung ist jede Zahl, die beim Einsetzen eine wahre Aussage ergibt.

- Oft kann man Gleichungen nicht nur durch Probieren, sondern auch durch Rückwärtsrechnen lösen. Dazu verwendet man die Umkehroperation.

- Die Lösungen einer Gleichung kann man als Lösungsmenge mit geschweiften Klammern angeben.

Beispiele:

$2 \cdot x + 1 = 7$ Lösung: _____

$y \cdot y + 1 = 5$ Lösungen: _____

$x + 4 = 11$ $x =$ _____ $= 7$

$x = 7$ Lösung: 7

Auftrag: Ergänze die Beispiele.

Basisaufgaben

1 Prüfe durch Einsetzen ob die Zahlen eine Lösung der Gleichung sind.
Gib an, ob eine wahre bzw. falsch Aussage entsteht.

	$10 \cdot x - 7 = 43$	$x + 30 = 50 - 9$	$\frac{1}{2} + x = 2x - 0{,}5$
$x = 11$	$10 \cdot 11 - 7 = 43$ $103 = 43$ falsche Aussage		
$x = 7$			
$x = 5$			
$x = 1$			

$10 \cdot x - 7 = 43$ $x + 30 = 50 - 9$ $\frac{1}{2} + x = 2x - 0{,}5$

Lösung: _____   Lösung: _____   Lösung: _____

2 Prüfe, welche ganze Zahl von -4 bis 4 Lösung der Gleichung ist.
Hinweis: Jede Lösung kommt genau ein Mal vor.

a) $14 \cdot a = 28$ $a =$ _____   **b)** $b \cdot 0{,}5 = 2$ $b =$ _____   **c)** $g + 2 = 2$ $g =$ _____

d) $3 + 2x = -5$ $x =$ _____   **e)** $(y - 6) \cdot 3 = -21$ $y =$ _____   **f)** $0{,}5z - 1{,}5z = -3$ $z =$ _____

g) $5x + 6 - 11 = 0$ $x =$ _____   **h)** $9 + 2k = k + 7$ $k =$ _____   **i)** $(p + 4) \cdot 6 = 3 \cdot (5 + p)$ $p =$ _____

3 Ist die angegebene Lösung richtig? Kreuze an.

a) $7a - 2 = 6a + 3$ Lösung: 5   ☐ richtig   ☐ falsch

b) $0{,}5b + 7b = 8{,}5 - 1b$ Lösung: 2   ☐ richtig   ☐ falsch

c) $4{,}5 : 0{,}5c = 9$ Lösung: 1   ☐ richtig   ☐ falsch

Setze in der Gleichung für x die Lösung ein, um sie zu überprüfen.

4 Binde die Luftballons mit Lösungen an die richtige Tasche.
Hinweis: Eine Tasche hat keine passende Lösung.

5 Löse die Gleichung durch Rückwärtsrechnen. Gib die Umkehroperationen und die Lösungsmenge an.
Zusatzaufgabe: Prüfe die Lösung mit einer Probe.

a) $21 + x = 91$

b) $x - 15 = 1$

c) $52 = 13x$

d) $3x - 8 = 4$

e) $-7x + 11 = 32$

f) $x : 4 - 8 = -6$

Weiterführende Aufgaben

6 Stelle eine passende Gleichung auf und löse sie durch Rückwärtsrechnen.

a) „Ich denke mir eine Zahl. Addiere ich zu ihr 17, erhalte ich 29."

_____

b) „Subtrahiere ich von einer gedachten Zahl 5, bleiben 36 übrig."

_____

c) „Addiere ich zur Hälfte einer Zahl ihr Doppeltes, ist das Ergebnis 25."

_____

7 Zum Einzäunen der abgebildeten Pferdekoppel stehen 80 m Zaun zur Verfügung.

a) Ermittle x.

_____

_____

b) Begründe durch Rechnung, ob mit dem Zaun eine 410 m² große quadratische Koppel abgesteckt werden kann.

_____

_____

Planfigur

5 m
18 m
10 m
$x + 3$ m
x

Äquivalenzumformungen

Mögliche Äquivalenzumformungen sind:

- die Addition oder Subtraktion einer Zahl oder eines Terms auf beiden Seiten der Gleichung

- die Multiplikation mit einer Zahl oder einem Term oder die Division durch eine Zahl oder einen Term ungleich null auf beiden Seiten der Gleichung

- das Vertauschen beider Seiten der Gleichung

Beispiel:

$3 = 2x - 1$ | ____

$4 = 2x$ | ____

$2 = x$

$x = 2$

Lösung: 2   L = { } ____

Auftrag: Ergänze das Beispiel.

Basisaufgaben

1 Gib die auf der Waage dargestellte Gleichung an und bestimme die Lösungsmenge durch Äquivalenzumformungen.

a)

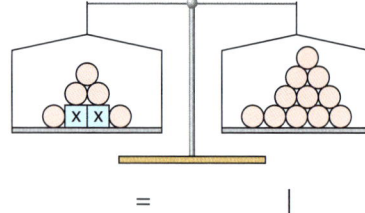

= | ____

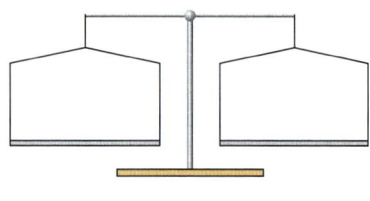

= | ____

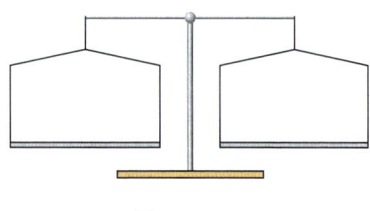

= ____

b)

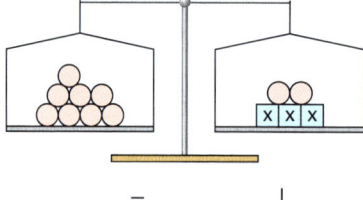

= | ____

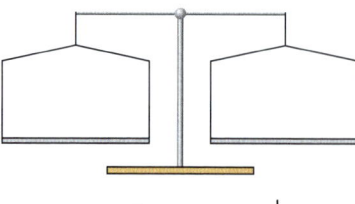

= | ____

= ____

c)

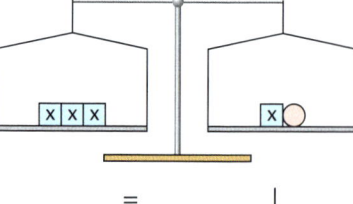

= | ____

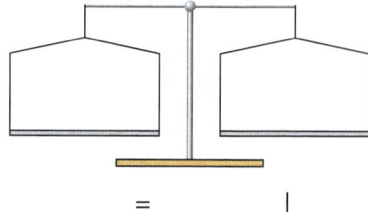

= | ____

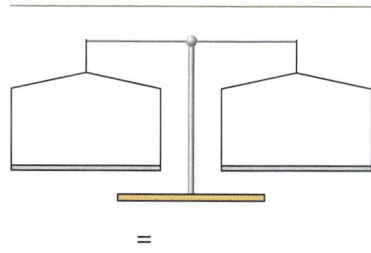

= ____

2 Gib die ausgeführten Äquivalenzumformungen an.

a) $5x + 9 = 37 + x$ | ____

$4x + 9 = 37$ | ____

$4x = 28$ | ____

$x = 7$

b) $6x - 3 = 10 + x - 3$ | ____

$5x - 3 = 7$ | ____

$5x = 10$ | ____

$x = 2$

c) $9 - 5x + 6 = -10x + 10$ | ____

$15 + 5x = 10$ | ____

$5x = -5$ | ____

$x = -1$

3 Löse die Gleichung durch Äquivalenzumformungen.

a) $7x - 5 = 16$ | ____

b) $7x + 10 - 3x = 28$ | ____

c) $-1 - 1x - 2 - x + 3 = -2x$

4 Vereinfache, wenn nötig, zuerst. Löse dann die Gleichung.

a) $8a + 5 = 29 - 4a$ $\quad|\underline{}$ **b)** $b \cdot 7 + 4 - 6 \cdot 2 = -3 \cdot b - 8 + b$ **c)** $3 \cdot (x + 2) = x - 4 + x \cdot 2$

5 Die Gleichung wurde nicht richtig gelöst. Unterstreiche die Fehler.
Löse danach die Gleichung.
Zusatzaufgabe: Führe, wenn möglich, die Probe durch.

a)

$-12 + 3{,}5x = 4{,}5x + 11{,}5 \qquad | + 12$

$+3{,}5x = 4{,}5x + 23{,}5 \qquad | - 4{,}5x$

$1x = 23{,}5$

$x = 23{,}5$

$L = \{23{,}5\}$

b)

$\frac{4}{3}x + 2 = -\frac{1}{3} + x \qquad | - x$

$\frac{4}{3} + 2 = -\frac{1}{3}$

$\frac{10}{3} = -\frac{1}{3}$

keine Lösung

c)

$3 \cdot (5a - 8a) = -9a$

$15a - 24a = -9a \qquad | - 9a$

$18a = 0 \qquad | : 18$

$a = 0$

$L = \{0\}$

Weiterführende Aufgaben

6 Auf einem Bauernhof leben dreimal so viele Hühner wie Schweine.
Außerdem gibt es noch sechs Ziegen.
Anton hat aus Spaß die Beine aller Tiere gezählt, es sind 114.

a) Gib entsprechende Terme an.

$4x$ steht für die Anzahl der Beine der Schweine.

_____ steht für die Anzahl der Beine der Ziegen.

_____ steht für die Anzahl der Beine der Hühner.

b) Ermittle, wie viele Hühner und Schweine es auf dem Bauernhof gibt.
Hinweis: Überprüfe dein Ergebnis am Text.

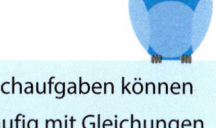

Sachaufgaben können häufig mit Gleichungen modelliert werden.

Mit Gleichungen modellieren

Viele Probleme aus dem Alltag kann man mithilfe einer Gleichung lösen.

1. Problem analysieren: Informationen zum Problem sammeln

2. Modell bilden: die reale Situation in eine Gleichung übersetzen

3. Lösung im Modell bestimmen: die Gleichung lösen

4. Interpretation: die Lösung interpretieren und überprüfen, ob sie realistisch ist

Beispiel: Zwei Winkel in einem Dreieck sind 57° und 48° groß. Berechne die Größe des dritten Winkels.

_____ (steht für den dritten Winkel)

$\alpha + 57° + 48° = \alpha + 105°$

$\alpha + 105° = 180°$

$\alpha + 105° = 180°$ | _____

$\alpha = 75°$

$75° +$ _____

Der dritte Winkel ist 75° groß.

Auftrag: Vervollständige das Beispiel.

Basisaufgaben

1 Lege die Variable fest. Stelle die Gleichung auf.
Zusatzaufgabe: Ermittle die Lösung.

a) Moritz hat von seinem Ersparten 24 € für ein Computerspiel und 12 € für ein Buch ausgegeben. Er verdient sich 15 € indem er den Rasen mäht. Jetzt hat er noch 79 €. Berechne seine Ersparnisse zu Beginn.

x steht für _____

Gleichung: _____

b) 125 Sticker wurden auf 20 Kinder verteilt. Jedes bekam gleich viele. Fünf blieben übrig.
Berechne, wie viele Sticker jedes Kind bekam.

x steht für _____

Gleichung: _____

c) Beim Ausflug muss jeder Schüler 2,90 € für die Fahrkarte, 5,60 € für den Eintritt und 3,20 € für die Verpflegung zahlen. 304,20 € wurden bereits eingesammelt. Berechne, wie viele Schüler bereits bezahlt haben.

x steht für _____

Gleichung: _____

2 Noah bekommt ab 1. Januar für jeden Monat 10 € Taschengeld. Er spart jeden Monat ein Viertel davon.
Berechne, wann sein Erspartes 20 € beträgt.
Hinweis: Überlege, wie viel er am letzten und am ersten Tag eines Monats hat.

a) Gib eine passende Gleichung an. Erkläre die Bedeutung von x.

_____

b) Beurteile die Antworten. Kreuze an.

Im April hat er 20 € zusammen.	☐ passende Antwort		☐ richtig		☐ falsch
Ende Februar hat er 5 € gespart.	☐ passende Antwort		☐ richtig		☐ falsch
Am 1. August hat er 20 € zusammen.	☐ passende Antwort		☐ richtig		☐ falsch

3 Beim Basketballturnier warf Ben doppelt so viele Körbe wie sein Freund Paul.
Steve warf 6 Bälle mehr in den Korb als Paul. Insgesamt kamen sie auf 22 Körbe.
Berechne, wie viele Körbe jeder erzielte.

1. Schritt: Variable festlegen.   x   steht für die Anzahl der Körbe von _____

2. Schritt: Term(e) bilden.   _____   steht für die Anzahl der Körbe von _____

_____   steht für die Anzahl der Körbe von _____

3. Schritt: Gleichung aufstellen.   _____

4. Schritt: Gleichung lösen.   _____

_____

_____

_____

5. Schritt: Lösung prüfen.   _____

6. Schritt: Antwort formulieren.   _____

Weiterführende Aufgaben

4 Ein rechteckiges Blatt hat einen Umfang von 48 cm. Die eine Seite ist 2 cm länger als die andere.
Berechne die Seitenlängen und den Flächeninhalt des Blattes. Unterstreiche zunächst relevante Informationen.

5 Berechne das Alter von Henri und Jakob.

Henri sagt: *„Mein Bruder ist doppelt so alt wie ich. Mein Opa ist viermal so alt wie mein Bruder.*
„Werden alle unsere Alter addiert und verdoppelt, so ergibt das 220 Jahre."

Jacob sagt: *„Meine Mama war 22, als ich geboren wurde. Mein Vater ist 5 Jahre älter als sie und heute halb so alt*
wie mein Opa. Mein Opa ist 80 Jahre alt."

Ungleichungen

Durch Äquivalenzumformung einer Ungleichung erhält man eine äquivalente Unglei-chung. Für Äquivalenzumformungen gelten die gleichen Regeln wie bei Gleichungen. Zusätzlich muss die Ungleichung umgekehrt werden, wenn

- die Terme auf den beiden Seiten vertauscht werden,

- beide Seiten mit einer negativen Zahl multipliziert werden,

- beide Seiten durch eine negative Zahl dividiert werden.

Auftrag: Ergänze die Beispiele.

Beispiele:

$-a < 5 \quad | \cdot (-1)$

$a > \underline{\hspace{2cm}}$

$-2b \le -6 \,|:(-2)$

$\underline{\hspace{3cm}}$

Basisaufgaben

1 Löse die Ungleichung durch Überlegen.
Stelle die Lösung im vorgegebenen Zahlenbereich der Zahlengerade farbig dar.

a) $x + 17 < 23$

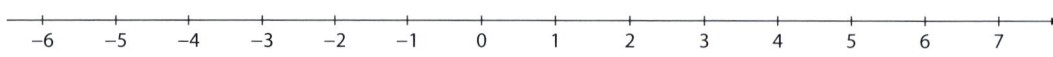

$\underline{\hspace{2cm}}$ Positive ganzzahlige Lösungen: $\underline{\hspace{5cm}}$

b) $4a < 14$

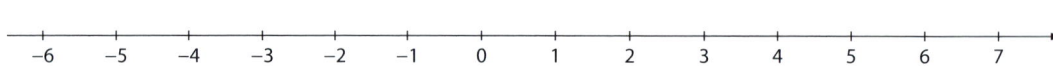

$\underline{\hspace{2cm}}$ Ganzzahlige Lösungen: $\underline{\hspace{5cm}}$

c) $2y + 8 < 8$

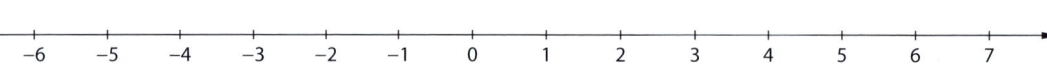

$\underline{\hspace{2cm}}$ Lösungen aus dem gesamten Zahlbereich: $\underline{\hspace{5cm}}$

2 Löse die Ungleichung mithilfe von Äquivalenzumformungen.
Hinweis: Rechts stehen die Zahlen, welche die Lösungen abgrenzen. Beachte, dass es nur 6 Zahlen gibt.

a) $7x + 3 < 17 \qquad |-3$

b) $2y - 24 > 6y \qquad |-2y$

Lösungen zum Abstreichen		
−6	2	5
6	7	12

c) $0{,}3a + 2{,}5 < 4{,}6 \qquad |-2{,}5$

d) $b \cdot (-4) - 0{,}8 > -20{,}8 \qquad |+0{,}8$

e) $-\frac{c}{5} + 7 \ge 4\frac{3}{5}$ $\underline{\hspace{1.5cm}}$

f) $2 + \left(-\frac{1}{4}\right)d \ge 0{,}5$ $\underline{\hspace{1.5cm}}$

g) $1 - x + 6 < 7 - x$

h) $5x + 5 - 2x < 6 + 3x + 2$

3 a) Ordne jeder Ungleichung die passende Lösung zu.

| $-2x < 4$ | $-4 < -2x$ | $4 \leq -2x$ | $-2x \leq -4$ | $-2x \geq 4$ | $-4 \geq -2x$ |

| $x < 2$ | $x > -2$ | $x \geq 2$ | $x \leq -2$ | $x \leq -2$ | $x \geq 2$ |

b) Gib zu jeder Lösungsmenge eine passende Ungleichung an.

$x < 1$ _____

$x \geq 5$ _____

$x > -3$ _____

< kleiner als
> größer als
≤ kleiner gleich
≥ größer gleich

Weiterführende Aufgaben

4 Lisa möchte mit zwei Freundinnen zelten.
Sie erkundigte sich nach den Preisen:
Die Zeltplatzgebühren betragen 18 € pro Übernachtung für
ein Zelt und drei Personen.
Die Hin- und Rückfahrt kostet pro Person 20 €.
Für die tägliche Verpflegung plant sie 10 € pro Person ein.

a) Stelle Terme für die Teilkosten auf.
Setze dabei für die Anzahl der Übernachtungen x ein.

Zeltplatzgebühren: _____

Fahrtkosten: _____

Verpflegung: _____

b) Die drei Mädchen haben für ihren Urlaub insgesamt
450 € zur Verfügung. Gib an, wie oft sie mit ihrem Budget
maximal übernachten können.
Stelle eine passende Ungleichung auf und löse sie.

_____

_____

c) Ergänze die Tabelle und zeichne entsprechende Punkte ins Koordinatensystem ein.
Markiere auf der x-Achse den Bereich, für den die Gesamtkosten kleiner als 450 € sind.

Anzahl der Übernachtungen	Gesamtkosten in Euro
2	
3	
4	
5	
6	

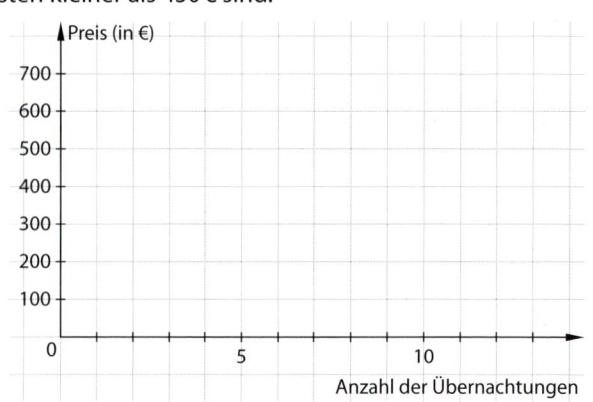

Teste dich

1 Die abgebildeten Murmeln werden in einem undurchsichtigen Beutel aufbewahrt. Eine Kugel wird gezogen. Gib die Wahrscheinlichkeit des Ereignisses als Bruch an.

  a) Es wird eine blaue Murmel gezogen. _____

  b) Es wird eine gelbe Murmel gezogen. _____

  c) Es wird eine lila oder eine rote Murmel gezogen. _____

  d) Es wird keine lila Murmel gezogen. _____

2 Glücksrad

  a) Nach einmaligem Drehen erhielt man die „1".
  Entscheide, ob es sich um ein Laplace-Experiment handelt.
  Begründe deine Antwort.

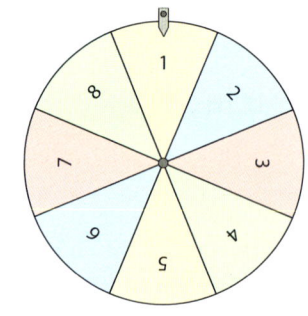

  _____

  _____

  _____

  b) Das Glücksrad wurde 50-mal gedreht. Gib die relativen Häufigkeiten der Ziffern in Prozent an.
  Was fällt auf? Begründe.

Ziffer	1	2	3	4	5	6	7	8
absolute Häufigkeit	4	5	7	9	6	8	6	5
relative Häufigkeit								

  _____

  _____

  _____

  _____

3 Das Netz eines fairen Würfels ist gegeben.
  Markiere die Flächen so, dass folgende Wahrscheinlichkeiten gelten.
  $P(\text{„1"}) = \frac{1}{2}$
  $P(\text{„2"}) = \frac{1}{6}$
  $P(\text{„3"}) = \frac{1}{3}$
  $P(\text{„Rot"}) = \frac{1}{3}$
  $P(\text{„Grün"}) = \frac{2}{3}$
  $P(\text{„1" oder „Rot"}) = \frac{2}{3}$

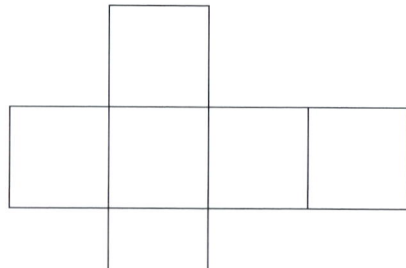

4 Nenne ein Zufallsexperiment, das kein Laplace-Experiment ist.

_____

_____

Wo stehe ich?

☺ Die Aufgabe kann ich sicher lösen.

☺ Die Aufgabe kann ich mit Nachschauen lösen.

☹ Ich kann die Aufgabe nicht lösen. Hier brauche ich Hilfe.

Ich kann…	☺	☺	☹	Hier kannst du üben.
… Zufallsexperimente anhand ihrer Eigenschaften erkennen. … das empirische Gesetz der großen Zahlen anwenden, um Wahrscheinlichkeiten zu schätzen (Testaufgabe 2 und 4))				S. 68/69
… Wahrscheinlichkeiten von Ergebnissen aufgrund geometrischer Eigenschaften bestimmen. … Wahrscheinlichkeiten von Ereignissen mit der Summenregel oder über das Gegenereignis erechnen. (Testaufgabe 3)				S. 68/69
… Laplace-Experimente erkennen und die Wahrscheinlichkeiten von Ergebnissen bestimmen. … die Wahrscheinlichkeiten von Ereignissen bei Laplace-Experimenten berechnen (Testaufgaben 1 und 2)				S. 70/71

 Ergebnis  Ereignis

Zufallsexperimente und Wahrscheinlichkeit

- Wenn ein Zufallsexperiment sehr oft durchgeführt wird, dann stabilisiert sich die relative Häufigkeit der Ergebnisse um einen festen Wert P(A) (Gesetz der großen Zahlen). Dieser Wert heißt Wahrscheinlichkeit des Ergebnisses A (Schreibweise: P (A); sprich: „P von A").

Beispiel: „Rot" werfen mit einem Tetraeder (3 rote Seiten, 1 blaue Seite.)

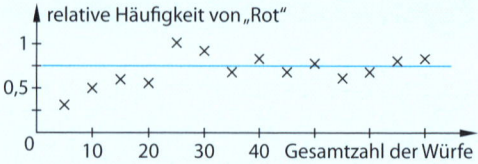

- Die stabilisierte relative Häufigkeit liegt in der Nähe von P(A). Sie kann deshalb als Schätzwert für die Wahrscheinlichkeit verwendet werden.

Ein Schätzwert für die Wahrscheinlichkeit von „Rot" ist
_____

Auftrag: Gib einen Schätzwert für die Wahrscheinlichkeit von „Rot" an.

Basisaufgaben

1 Kreuze die Zufallsexperimente an. Gib danach gegebenenfalls die Ergebnismenge an.

☐ Kiara schaut, ob die Autoampel „Grün" zeigt. _____

☐ Philip misst, bei welcher Temperatur Wasser kocht. _____

☐ Viktor schaut, welche Farbe eine blind gezogene Karte aus einem Skatspiel hat. _____

> Die Ergebnismenge Ω eines Zufallsversuchs ist die Menge aller möglichen Ereignisse.
> z.B.: $\Omega = \{1, 2, 3, 4, 5, 6\}$

2 Würfeln mit zehnseitigen Würfeln

a) Ermittle die relativen Häufigkeiten der „6".

Anzahl der Versuche	10	50	100	150	200	250	300	350	400
absolute Häufigkeit	1	3	6	10	14	18	20	24	29
relative Häufigkeit									

b) Veranschauliche zuerst die relativen Häufigkeiten der „6" im Diagramm. Schätze danach, mit welcher Wahrscheinlichkeit eine „6" fällt. Veranschauliche dies mithilfe einer waagrechten Linie im Diagramm.

_____

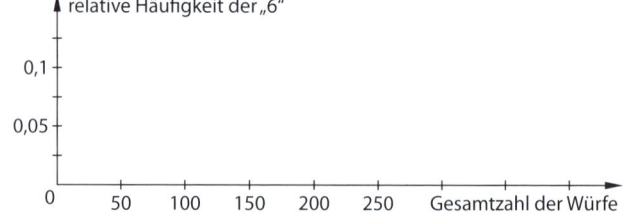

c) Ermittle die relativen Häufigkeiten, „zwei gleiche Augenzahlen" mit zwei Würfeln zu erhalten.

Anzahl der Versuche	10	50	100	150	200	250	300	350	400
absolute Häufigkeit	1	5	10	18	22	24	29	34	43
relative Häufigkeit									

d) Veranschauliche zuerst die relativen Häufigkeiten „zweier gleicher Augenzahlen" im Diagramm. Schätze danach, mit welcher Wahrscheinlichkeit die Augenzahlen gleich sind. Veranschauliche dies mithilfe einer waagrechten Linien im Diagramm.

_____

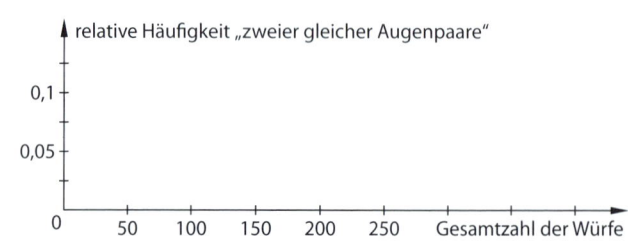

3 Ist die Wahrscheinlichkeit „0" oder „1" oder zwischen „0 und 1"?

Kreuze an.

0 %   100 %

a) Ein zufällig ausgewählter Schüler hat morgen Geburtstag.

b) Ein zufällig ausgewählter Schüler hat in den nächsten 13 Monaten Geburtstag.

c) Ein zufällig ausgewählter Schüler hat sechs mal Geburtstag in einem Schuljahr.

d) Ein zufällig ausgewählter Schüler hat eine Schwester.

e) Ein zufällig ausgewählter Schüler hat keinen Bruder.

f) Ein zufällig ausgewählter Schüler hat in der letzten Woche nicht geschlafen.

g) Ein zufällig ausgewählter Schüler hat heute verschlafen.

h) Ein zufällig ausgewählter Schüler deiner Klasse ist älter als 9 Jahre.

Weiterführende Aufgaben

4 Gleichzeitiges Würfeln mit einem Würfel und einem Quader mit den Ziffern „1" bis „6"

Hinweis: Nimm als Quader z. B. einen Radiergummi oder einen Baustein.

a) Ermittle die absoluten Häufigkeiten der Augensummen bei je 50 Versuchen.

Erfasse die Anzahl der Versuche mit einer Strichliste auf einem zusätzlichen Blatt.

	50 Versuche	50 Versuche	50 Versuche	50 Versuche	50 Versuche	50 Versuche	50 Versuche	50 Versuche
„Summe 2"								
„Summe 3"								
„Summe 4"								
„Summe 5"								
„Summe 6"								
„Summe 7"								
„Summe 8"								
„Summe 9"								
„Summe 10"								
„Summe 11"								
„Summe 12"								

b) Ermittle aus Teilaufgabe a), welche Augensumme am häufigsten aufgetreten ist. Gib die absolute Häufigkeit dieser Augensumme nach 50, 100, …, 400 Versuchen an und bestimme die relative Häufigkeit.

Anzahl der Versuche	50	100	150	200	250	300	350	400
absolute Häufigkeit								
relative Häufigkeit								

c) Stell dir vor, dass das Experiment mit zwei regulären sechsseitigen Würfeln durchgeführt wurde.

Ermittle, ob alle Würfelsummen gleichwahrscheinlich sind.

Zusatzaufgabe: Vergleiche die Wahrscheinlichkeiten.

Laplace-Wahrscheinlichkeit

Zufallsexperimente, bei denen alle Ergebnisse gleichwahrscheinlich sind, nennt man Laplace-Experimente.

Es gilt für die Wahrscheinlichkeit eines Ereignisses E: $P(E) = \dfrac{\text{Anzahl der Ergebnisse, die zum Ereignis gehören}}{\text{Anzahl aller möglichen Ergebnisse}}$

Beispiel: Würfeln keiner „1"; „2"; „3" oder „4"

Anzahl der für das Ereignis günstigen Ergebnisse:

_____

Anzahl aller möglichen Ergebnisse:

_____

P (Würfeln keiner „1"; „2"; „3" oder „4")

_____

Auftrag: Ergänze das Beispiel.

Basisaufgaben

1 Die Spieler beim **Mensch ärgere dich nicht**® haben zwei Ziele.
Sie wollen mit dem nächsten Wurf mit einem Mal Würfeln einen Stein ins Ziel bringen oder einen Stein eines Gegners „rauswerfen". Im Zielbereich darf ein Stein übersprungen werden.

a) Gib die Augenzahlen an, die beim nächsten Wurf des Würfels ein günstiges Ergebnis sind.

Günstiges Ergebnis, wenn „Gelb" als Nächstes würfelt.

_____

Günstiges Ergebnis, wenn „Blau" als Nächstes würfelt.

_____

Günstiges Ergebnis, wenn „Rot" als Nächstes würfelt.

_____

b) Ermittle die Wahrscheinlichkeit.
Ein gelber Stein kommt beim nächsten Wurf im Ziel an.

Ein roter Stein kommt beim nächsten Wurf im Ziel an.

Ein roter Stein wirft beim nächsten Wurf einen grünen Stein raus.

Kein grüner Stein kann beim nächsten Wurf bewegt werden.

> Ist die Wahrscheinlichkeit 0, so ist das Ereignis unmöglich, ist sie 1 ist das Ergebnis sicher.

2 Aus einem vollständigen Skatspiel mit 32 Karten wird eine Karte gezogen.
Gib die Wahrscheinlichkeit des Ereignisses an.

a) Eine Pik-Karte wird gezogen.

_____

b) Ein König wird gezogen.

_____

c) Eine Herz-Karte, die kein Ass ist, wird gezogen.

_____

d) Eine Herz-Karte oder eine Pik-Karte wird gezogen.

_____

3 Peter und Paul spielen mit einem 20-seitigen Spielwürfel.
Gib die Wahrscheinlichkeit des Ereignisses an.
Hinweis: Schreibe zuerst die Ergebnisse, die zum Ereignis gehören, auf.

a) Es fällt eine gerade Zahl.

_____

b) Es fällt eine Zahl, die durch 6 teilbar ist.

_____

c) Es fällt eine Zahl, die durch 7 teilbar ist.

_____

Lösungen
zum Abstreichen:

$\frac{2}{20}$ $\frac{3}{20}$

$\frac{4}{20}$ $\frac{6}{20}$

$\frac{8}{20}$ $\frac{10}{20}$

d) Es fällt eine Quadratzahl.

_____

e) Es fällt eine Zahl, die durch 5 oder durch 8 teilbar ist.

_____

f) Es fällt eine Primzahl.

_____

Weiterführende Aufgaben

4 Anja und Anette ziehen Kugeln aus einer Urne, die mit den Zahlen 1 bis 20 beschriftet sind. Anja gewinnt, wenn die Zahl auf der Kugel größer als 12 ist. Anette gewinnt, wenn die Zahl durch 3 teilbar ist.
Ist das fair? Begründe.

_____

_____

_____

5 In einer Kiste sind mehrere Karten. Auf 5 Karten ist ein Quadrat, auf 7 Karten ist ein Rechteck, auf 9 Karten ist ein allgemeines Dreieck und auf 4 Karten ist ein Kreis abgebildet.
Es wird nur eine Karte aus der Kiste gezogen. Danach wird diese zurückgelegt.
Gib die Wahrscheinlichkeit des Ereignisses in drei unterschiedlichen Schreibweisen an.

a) Die Innenwinkelsumme der Figur auf der Karte beträgt 360°.

_____

b) Eine Karte ohne Kreis wird gezogen.

_____

c) Eine Karte mit einer symmetrischen Figur wird gezogen.

_____

d) Die Wahrscheinlichkeit eines Ereignisses beträgt 56 %. Nenne ein passendes Ereignis.

_____

Zusatzaufgabe: Gib ein Ereignis an, dessen Wahrscheinlichkeit 1 bzw. 0 ist.

Jahrgangsstufentest

1 Trage die fehlenden Zahlen ein. In der ersten Spalte stehen die Minuenden (bzw. Dividenden) und in der ersten Zeile die Subtrahenden (bzw. Divisoren).

−	1,2		31	
7		30		
−0,9				−0,4

:	10		5	
−1,8		0,6		
$\frac{6}{3}$				3

2 Trage rechts die Ergebnisse ein. Beachte, dass Kommas ein eigenes Feld erhalten.

Senkrecht

- a: 10 % von 123
- b: So viel Prozent sind 66 von 600.
- c: 42,96 sind 120 % davon.
- d: 50 % von 16 095
- e: Zu 50 000 kommen 12,4 % hinzu.
- f: 8520,3 sind 30 % davon.
- g: Durch 4 geteilt gibt so viel Prozent.
- h: 20 % von 715
- i: Ein Ganzes in Prozent.

Waagerecht

- d: Ergibt um 50 % vergrößert 1222,5.
- h: Die Summe aller Ziffern der Zahl ist 13.
- j: So viele Ganze sind 500 %.
- k: Ein Fünftel sind so viel Prozent.
- l: 5 um 100 % vergrößert.
- m: 10,5 sind 30 % davon.
- n: 25 % davon sind 107.
- o: 12,5 % von 50 224
- p: Das Fünffache als Prozentsatz.
- q: 200 um die Hälfte vergrößert.
- r: 15 um ein Drittel verkleinert.

a		j		b	c
k		d			
		l			
m	e		n	f	
	o	g			
h					i
			p		
q				r	

3 Herr und Frau Krug wollen ihr Wohnzimmer und den Flur renovieren. Sie haben dafür neun Rollen Tapete für insgesamt 48,15 € gekauft. Sie fangen früh gegen 7:00 Uhr an und sind um ca. 9:00 Uhr abends fertig.

a) Gib an, wann Wohnzimmer und Flur fertig tapeziert sind, wenn beide ab 7:00 Uhr von drei Bekannten unterstützt werden, die genauso schnell arbeiten wie sie.

_____

b) Nach einiger Zeit stellen sie fest, dass zwei Rollen Tapete zu wenig gekauft wurden. Ermittle, ob man diese mit einem 10-€-Schein bezahlen kann.

_____

4 Kreuze Zutreffendes an.

In gleichseitigen Dreiecken ist der Schnittpunkt der Winkelhalbierenden auch
der Schnittpunkt der Mittelsenkrechten. ☐ wahr ☐ falsch

Die Höhe einer Seite eines Dreiecks kann nie parallel zu einer anderen Dreiecksseite sein. ☐ wahr ☐ falsch

Der Schnittpunkt der Seitenhalbierenden eines Dreiecks heißt Schwerpunkt. ☐ wahr ☐ falsch

5 Zeichne den Umkreis und den Inkreis des Dreicks ABC
mit a = 4 cm, b = 5,4 cm und c = 5 cm.

A ——————— c = 5 cm ——————— B

6 Drei Geschwister sind zusammen 38 Jahre alt. Annika ist doppelt so alt wie
Lea, während Ole 6 Jahre älter als Lea ist.
Ermittle mithilfe einer Gleichung, wie alt die Geschwister sind.

_____

7 Gib die Wahrscheinlichkeit des Ergebnisses beim Würfeln mit einem fairen sechsseitigen Spielwürfel an.

a) Eine „6" wird gewürfelt. _____

b) Eine Zahl, die kleiner als „3" ist, wird gewürfelt. _____

8 Trage die gesuchten Begriffe ein.
Wenn alles richtig ist, ergeben die Buchstaben in den hellgrünen Kästchen ein Lösungswort.

1. …, die zu einer proportionalen Zuordnung gehören, liegen auf einem Strahl (Halbgeraden), der im Ursprung beginnt.
2. In … kommen Zahlen, Variablen und Rechenzeichen vor.
3. Deckungsgleiche Figuren sind …
4. … besitzen nur dann eine Symmetrieachse, wenn sie gleichschenklig sind.
5. … sind eine Leihgebühr.
6. Mithilfe der … kann die Addition und Subtraktion rationaler Zahlen dargestellt werden.
7. Eine Zuordnung kann mit einer … dargestellt werden.
8. In der Prozentrechnung nennt man den Wert, der 100 % entspricht, …
9. Die Punkte zu einer antiproportionalen Zuordnung liegen auf einer …
10. Der Schnittpunkt der Mittelsenkrechten eines Dreiecks ist der Mittelpunkt des …
11. Die Wertepaare einer antiproportionalen Zuordnung sind …

Rechnen mit allen Grundrechenarten

zuerst	nach rechts	Punktrechnung	Ausdrücke in Klammern	vor Strichrechnung	von links
$a \cdot b$	$a + (b + c)$	$a \cdot (b \cdot c)$	$a \cdot (b - c)$	$b + a$	$a \cdot b + a \cdot c$
$(a \cdot b) \cdot c$			$a + b$	$a \cdot (b + c)$	$b \cdot a$	$(a + b) + c$

- **Ausdrücke in Klammern werden zuerst berechnet.**
- **Punktrechnung geht vor Strichrechnung.**
- **Es wird von links nach rechts gerechnet, wenn keine andere Regel zu beachten ist.**

- Kommutativgesetze der Addition und Multiplikation: $a + b = b + a \qquad a \cdot b = b \cdot a$
- Assoziativgesetze der Addition und Multiplikation: $(a + b) + c = a + (b + c) \qquad (a \cdot b) \cdot c = a \cdot (b \cdot c)$
- Distributivgesetze: $a \cdot (b + c) = a \cdot b + a \cdot c \qquad a \cdot (b - c) = a \cdot b - a \cdot c$

Auftrag: Formuliere mithilfe der Karten Regeln, die für alle rationalen Zahlen gelten.

Basisaufgaben

1 Unterstreiche zuerst wie bei **a** das Rechenzeichen, dass du als Erstes berücksichtigst. Rechne danach im Kopf.

a) $-6 \cdot (4 \underline{-} 9) = \underline{\quad 30 \quad}$
b) $6 + (-4) + 9 = \underline{\quad 11 \quad}$
c) $-6 + 4 \cdot (-9) = \underline{\quad -42 \quad}$

d) $-23 - 87 : (-29) = \underline{\quad -20 \quad}$
e) $23 + (87 - 29) = \underline{\quad 81 \quad}$
f) $45 + 135 : (-3) = \underline{\quad 0 \quad}$

g) $(-125 + 75) \cdot (-2) = \underline{\quad 100 \quad}$
h) $-5 + 3 \cdot (-4 - 3) = \underline{\quad -26 \quad}$
i) $(-8 + 5) \cdot 3 - (4 - 7) = \underline{\quad -6 \quad}$

2 Entscheide ohne alle Ergebnisse zu ermitteln, welche Aufgaben dieselben Ergebnisse haben.
Verbinde diese mit Linien.

$0{,}32 + 4{,}57 + 47{,}8$	$2 \cdot (-7{,}8 + 4{,}57 - 0{,}32)$
$(47{,}8 + 4{,}57 - 0{,}32) : 2$	$2 \cdot (-4{,}57 + 0{,}32 - 7{,}8)$
$47{,}8 - (-0{,}32) + 4{,}57$	$(4{,}57 - 0{,}32 - 7{,}8) \cdot 2$
$47{,}8 + 0{,}32 + 4{,}57$	$(4{,}25 + 47{,}8) : 2$

3 Rechne vorteilhaft.

-976	-10	$-\frac{1}{3}$	1	42	46	60	78	100	108

a) $4 \cdot 12 + 4 \cdot 13 = \quad 4 \cdot (12 + 13) = 100$
b) $7 \cdot 3 + 13 \cdot 3 = \quad (7 + 13) \cdot 3 = 60$

c) $34 \cdot 7 - 28 \cdot 7 = \quad (34 - 28) \cdot 7 = 42$
d) $-45 \cdot 13 + 51 \cdot 13 = \quad (-45 + 51) \cdot 13 = 78$

e) $-7 \cdot 9 - 3 \cdot 9 = \quad (-7 - 3) \cdot 9 = -90$
f) $-8 \cdot (125 - 3) = \quad -100 + 24 = -976$

g) $117 - 84 + 13 = \quad 117 - 84 - 13 = 46$
h) $-3 \cdot 12 + 3 \cdot 48 = \quad -36 + 144 = 108$

i) $(\frac{1}{4} - (-\frac{4}{5}) + \frac{2}{5}) : \frac{1}{5} = \frac{1}{5} : \frac{1}{5} = 1$
j) $\frac{1}{2} - \frac{1}{3} \cdot \frac{1}{2} + \frac{5}{3} \cdot (-\frac{2}{5}) = \frac{1}{2} - \frac{1}{6} - \frac{2}{3} = -\frac{1}{3}$

---

4 Einige Aufgaben wurden falsch gerechnet. Finde den Fehler und korrigiere, wenn nötig, das Ergebnis.

a) $13 - 5 : 2 = 4$ **falsch** $13 - 2{,}5 = 10{,}5$

b) $-1 \cdot 15 - (10 : (-2)) = -75$ **falsch** $-15 \cdot (-5) = 75$

c) $((-5 - 13) : 2 + 6) \cdot (-2) = 6$ **richtig**

d) $((11{,}5 + 4{,}5 : (-3)) : 5) + 3 \cdot 4 = 20$ **falsch** $2 + 3 \cdot 4 = 14$

e) $(-3{,}5 + 5 : 2) \cdot ((-100) : (-2)) = 50$ **falsch** $-1 \cdot 50 = -50$

f) $(-5 + 14 - 35) \cdot ((-6{,}5) \cdot (-\frac{4}{2})) = -2$ **richtig**

5 Bewerte mithilfe eines Überschlags das Ergebnis.
Zusatzaufgabe: Berechne das Ergebnis.   z. B.

a) $(17{,}4 - 5{,}9) \cdot (-4{,}1) = -47{,}15$ Überschlag: $11 \cdot (-4) = -44$ ☒ Ergebnis kann stimmen.

b) $17{,}4 - (5{,}9 \cdot 4{,}1) = 10{,}3 \,(= -6{,}79)$ Überschlag: $17 - 24 = -7$ ☐ Ergebnis kann stimmen.

c) $17{,}4 - 5{,}9 \cdot (-4{,}1) = 41{,}59$ Überschlag: $17 + 24 = 41$ ☒ Ergebnis kann stimmen.

d) $(6{,}4 : 5 - 5{,}9 \cdot 4{,}1) \cdot 5 = 114{,}55$ $(= -114{,}55)$ Überschlag: $-23 \cdot 5 = -115$ ☐ Ergebnis kann stimmen.

e) $6{,}4 : 5 - 5{,}9 \cdot 4{,}1 \cdot 5 = -20{,}67$ $(= -119{,}67)$ Überschlag: $1 - 100 = -99$ ☐ Ergebnis kann stimmen.

KlaPS-Regel
1. Klammern
2. Punktrechnung
3. Strichrechnung

Weiterführende Aufgaben

6 Schreibe den entsprechenden Ausdruck auf und löse ihn.

a) Multipliziere die Summe von -7 und $4{,}5$ mit 3.
$(-7 + 4{,}5) \cdot 3 = -7{,}5$

b) Addiere die Produkte von -8 und -2 und von $-1{,}5$ und 4.
$-8 \cdot (-2) + (-1{,}5) \cdot 4 = 10$

c) Addiere $\frac{2}{3}$ zum Quotienten von 27 und 81 und addiere anschließend -2.
$\frac{2}{3} + \frac{27}{81} + (-2) = -1$

d) Subtrahiere $2{,}5$ von der Differenz von 78 und $-1{,}5$.
$78 - (-1{,}5) - 2{,}5 = 77$

7 Alle ganzen Zahlen, die größer als -52 und kleiner als -49 sind, werden addiert. Berechne das Ergebnis.
$-50 + (-51) = -101$

8 Mehrere Schüler schätzen die Länge einer Mauer. Beim Nachmessen stellten sie fest, dass sie 8 m lang ist. Sie bestimmen die Abweichungen von den Schätzungen. Begründe rechnerisch, ob die Mauer im Durchschnitt über- oder unterschätzt wurde.

$(-0{,}6\,\text{m} - 1{,}3\,\text{m} + 0{,}4\,\text{m} + 0{,}3\,\text{m} + 1{,}1\,\text{m} - 0{,}2\,\text{m} + 0{,}1\,\text{m} + 0{,}6\,\text{m} - 0{,}6\,\text{m}) : 9$

$\approx -0{,}02\,\text{m}$

Die Länge der Mauer wurde im Durchschnitt etwas unterschätzt.

Hinweis: Lass mehrere Mitschülerinnen oder Mitschüler die Höhe eines Stuhls im Raum schätzen.
Untersuche danach, ob die Höhe eher über- oder unterschätzt wurde.
Die Verwendung von Linealen und anderen Messhilfen ist beim Schätzen verboten.
individuelle Lösungen

	Abweichungen der Schätzungen von der gemessenen Länge
Anna:	$-0{,}6$ m
Abel:	$-1{,}3$ m
Karim:	$+0{,}4$ m
Yoshio:	$+0{,}3$ m
Lisa:	$+1{,}1$ m
Christian:	$-0{,}2$ m
Kyoko:	$+0{,}1$ m
Damian:	$+0{,}6$ m
Suleika:	$-0{,}6$ m

Teste dich

ortionale oder antiproportionale Zuordnung ist.

Löse die Aufgaben danach mithilfe des Dreisatzes.

Karten	Preis in €
9	81
1	9
11	99

a) 9 Karten für das Konzert kosten ohne Bearbeitungsgebühr 81,00 €.
Berechne, wie viel 11 Karten ohne Bearbeitungsgebühr kosten.

11 Karten ohne Bearbeitungsgebühr kosten 99 €.

b) 4 Pumpen vom gleichen Typ leeren ein Becken in $13\frac{1}{2}$ h.
Berechne, wie viele Pumpen benötigt werden, um das Becken in 6 h zu leeren.

Stunden	Pumpen
13,5	4
1	54
6	9

9 der Pumpen leeren ein gleich großes Becken in 6 h.

c) ☐ Kreuze die Zuordnung aus Aufgabe 1a bzw. b an, bei der im Koordinatensystem alle Punkte auf einem Strahl liegen, der im Ursprung beginnt.

☒ Karten → Preis in €   ☐ Stunden → Pumpen

2 Eine Tüte mit 48 Schokoladentäfelchen wird aufgeteilt.

a) Berechne, wie viele Schokoladentäfelchen jeder erhält, wenn 2, 3, 4 oder 6 Kinder alles unter sich aufteilen.

Anzahl der Kinder	2	3	4	6
Anzahl der Täfelchen	24	16	12	8

b) Stelle die Zuordnung in einem Diagramm dar.
Erkläre, ob es sinnvoll ist die Punkte miteinander zu verbinden.

Es ist nicht sinnvoll, die Punkte miteinander zu verbinden, da die Anzahl der Kinder nur mit natürlichen Zahlen angegeben werden kann.

(Es gibt nicht 2,5 Kinder.)

Anzahl der Täfelchen / Anzahl der Kinder

3 Handelt es sich um den Graphen einer proportionalen, antiproportionalen oder keiner derartigen Zuordnung? Kreuze an.

Graph	Proportionale Zuordnung	Antiportionale Zuordnung	Weder noch
f		x	
g		x	
h			x
i			x
j	x		

Wo stehe ich?

😊 Die Aufgabe kann ich sicher lösen.

😐 Die Aufgabe kann ich mit Nachschauen lösen.

☹ Ich kann die Aufgabe nicht lösen. Hier brauche ich Hilfe.

Ich kann …				Hier kannst du üben
… Zuordnungen mit Tabellen, Diagrammen, Worten und Pfeilen darstellen. (Testaufgaben 1 und 2)	😊	😐	☹	S. 14/15
… zu gegebenen Wertepaaren einer Zuordnung den Graphen zeichnen. (Testaufgabe 2)				S. 14/15
… proportionale Zuordnungen erkennen und anhand ihrer Eigenschaften charakterisieren. (Testaufgaben 1 und 3)				S. 16/17
… mit dem Dreisatz Wertepaare einer proportionalen Zuordnung berechnen. (Testaufgabe 1)				S. 20/21
… antiproportionale Zuordnungen erkennen und anhand ihrer Eigenschaften charakterisieren. (Testaufgaben 1 und 3)				S. 18/19
… mit dem Dreisatz Wertepaare einer antiproportionalen Zuordnung berechnen. (Testaufgabe 1)				S. 20/21

Darstellung von Zuordnungen

- Eine Zuordnung weist jedem Ausgangswert einen oder mehrere Werte zu.
- Zwei Werte, die einander zugeordnet sind, nennt man Wertepaar.
- Eine Zuordnung kann man mit einer Wertetabelle, einem Diagramm, mit Worten oder mit Pfeilen darstellen.

Beispiel: *Uhrzeit → Temperatur*

Uhrzeit	3:00	6:00	9:00	12:00	15:00	18:00	21:00	24:00
Temperatur in °C	7	7	7	10	13	14	9	8

Temperatur (in °C) / Uhrzeit

Auftrag: Ergänze die fehlenden Angaben im Beispiel.

Basisaufgaben

1 Ergänze mithilfe der Wortkarten zu sinnvollen Zuordnungen. Verwende jeden Begriff genau einmal.

Freund → **Telefonnummer**
Geburtstag → **Datum**
Entfernung → **Fahrpreis**
Monat → **Jahreszeit**
Schlösser → **Schlüssel**
Schalter → **Lampe**
Schokoladensorte → **Menge an Kakaobutter**
Zahl → **Quadratzahl**
Rechteck → **Umfang**

Wortkarten: Schlüssel · Umfang · Telefonnummer · Jahreszeit · Fahrpreis · Datum · Lampe · Menge an Kakaobutter · Quadratzahl

2 Vervollständige die Darstellung der Zuordnung:
Daten werden mit einer Geschwindigkeit von 2 MB pro Sekunde heruntergeladen.

① Zeit in Sekunden → **heruntergeladene Daten in MB**

②

Zeit in Sekunden (x)	heruntergeladene Daten in MB (y)
0	**0**
1	**2**
2	**4**
3	**6**
5	**10**

③

Ausgangswert → Zugeordneter
(x-Achse)   Wert (y-Achse)

3

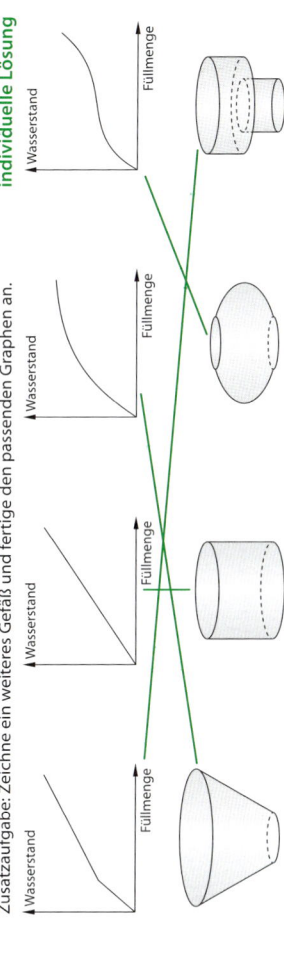

Ich war über 7h im Center. — Frau Richter
15:45 Uhr kam ich an. — Herr Cil
Nur 45min. habe ich geparkt. — Frau Stelzer
Seit 12:09 Uhr bin ich im Center. — Frau Karzek
15:20 Uhr fahr ich ins Parkhaus. — Herr Anoli
Ich zahle für 90min. — Herr Jansen

PARK GEBÜHREN — unter 30min. kostenlos · 1 Stunde 1€ · pro angefangene Stunde 0,50€ · Höchstgebühr pro Tag 4€

a) Vervollständige die Darstellung.

①

Parkdauer in Stunden	$\frac{1}{2}$	1	$1\frac{1}{2}$	2	$2\frac{1}{2}$	3	4
Parkgebühr in €	**1**	**1**	**1,5**	**2**	**2**	**2,5**	**3**

② Parkgebühr (in €) / Parkdauer (in h)

b) Ordne jeder Person die passende Parkgebühr zu.
Hinweis: Verwende die Darstellungen aus Teilaufgabe **a.**

Frau Richter zahlt **4,00 €.**   Herr Cil zahlt **2,00 €.**   Herr Anoli zahlt **1,50 €.**
Frau Karzek zahlt **4,00 €.**   Frau Stelzer zahlt **1,00 €.**   Herr Jansen zahlt **1,50 €.**

Weiterführende Aufgaben

4 Wasser fließt gleichmäßig aus dem Hahn und füllt die zunächst leeren Gefäße. Ordne die Diagramme den passenden Gefäßen zu.
Zusatzaufgabe: Zeichne ein weiteres Gefäß und fertige den passenden Graphen an.

individuelle Lösung

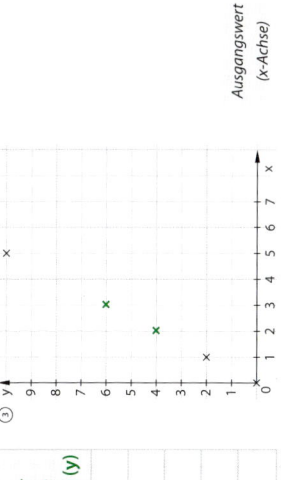

Wasserstand / Füllmenge

Proportionale Zuordnungen

• Bei proportionalen Zuordnungen folgt aus der Halbierung, der Verdopplung, der Verdreifachung, ... eines Ausgangswerts die Halbierung, die Verdopplung, die Verdreifachung, ... des zugeordneten Werts.
• Die Quotienten aus Ausgangswert und zugeordnetem Wert haben immer den gleichen Wert. (Proportionalitätsfaktor m)

Beispiel:

Anzahl der Brötchen	3	12	1
Preis in €	0,90	3,60	0,30

·4   :12   ·4   :12

Der Proportionalitätsfaktor ist 0,3.

Auftrag: Vervollständige das Beispiel.

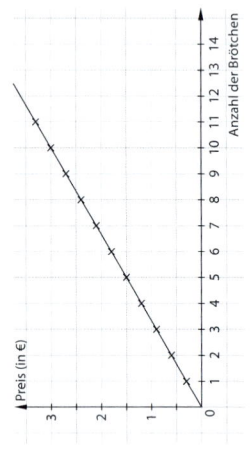

Preis (in €) / Anzahl der Brötchen

Basisaufgaben

1 Kreuze die Tabellen zu proportionalen Zuordnungen an.
Zusatzaufgabe: Verändere bei einer Zuordnung einen y-Wert, sodass eine proportionale Zuordnung entsteht.

[x]
x	1	2	3	4
y	2	4	6	8

[x]
x	0	1	2	3
y	0	3	6	9

9

b)
Zeit in min	1	20	40	50
Wasser in ℓ	1,4	28	56	70

Der Proportionalitätsfaktor m ist 1,4.

d)
Silber in cm³	5	10	30	40
Masse in g	52,5	105	315	420

Der Proportionalitätsfaktor m ist 10,5.

2 Ergänze die Tabelle zur proportionalen Zuordnung. Gib den Proportionalitätsfaktor an.

a)
Benzin in ℓ	1	10	20	30
Preis in €	1,5	15	30	45

Der Proportionalitätsfaktor m ist 1,5.

c)
Arbeitszeit in h	10	20	30	40
Lohn in €	90	180	270	360

Der Proportionalitätsfaktor m ist 9.

3 Kreuze die Koordinatensysteme mit proportionalen Zuordnungen an.

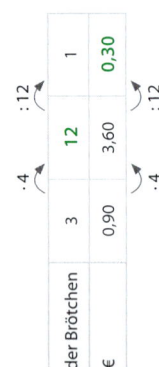

In einem Koordinatensystem liegen alle Punkte einer proportionalen Zuordnung auf einer Geraden durch den Ursprung.

4 Veranschauliche die Zuordnung im Koordinatensystem und entscheide, ob sie proportional ist.

a)
x	0	1	2	3	4	5	6
y	0	0,5	1	1,5	2	2,5	3

Proportionalität liegt ... [x] vor [ ] nicht vor

b)
x	0	1	2	3	4	5	6
y	0	2	3	3,5	4	5	5,5

Proportionalität liegt ... [ ] vor [x] nicht vor

c)
x	0	1	2	3	4	5	6
y	1	1,5	2	2,5	3	3,5	4

Proportionalität liegt ... [ ] vor [x] nicht vor

Weiterführende Aufgaben

5 Einwohnerzahlen einiger großer Städte

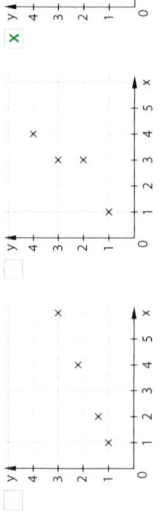
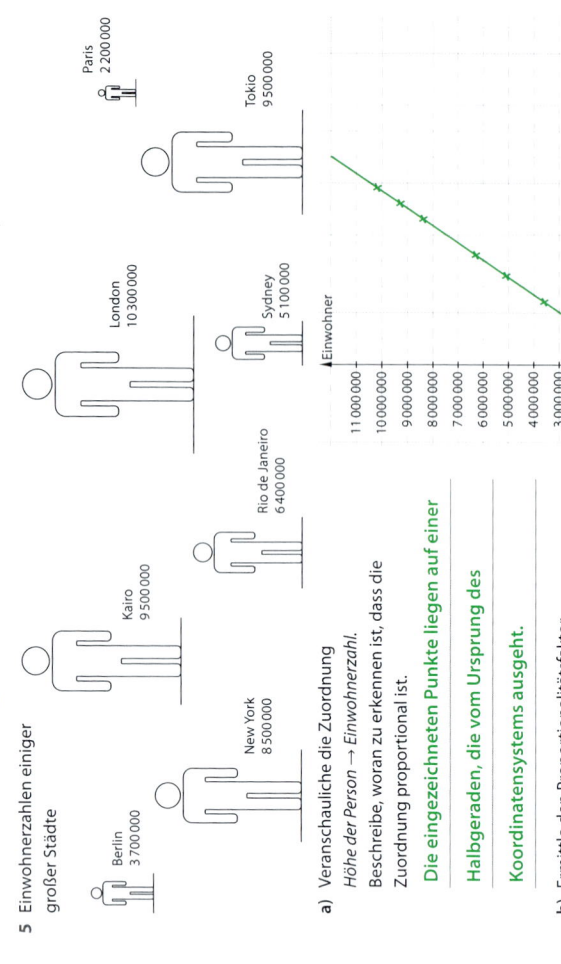

Berlin 3 700 000 — London 10 300 000 — New York 8 500 000 — Kairo 9 500 000 — Rio de Janeiro 6 400 000 — Paris 2 200 000 — Sydney 5 100 000 — Tokio 9 500 000

a) Veranschauliche die Zuordnung *Höhe der Person → Einwohnerzahl*. Beschreibe, woran zu erkennen ist, dass die Zuordnung proportional ist.
Die eingezeichneten Punkte liegen auf einer Halbgeraden, die vom Ursprung des Koordinatensystems ausgeht.

b) Ermittle den Proportionalitätsfaktor.
z. B.: m = 9 000 000 : 3 = 3 000 000
Der Proportionalitätsfaktor ist 3 000 000.

c) Max sagt: „Es sieht so aus, als ob Berlin mehr als doppelt so viele Einwohner hat wie Paris." Was meinst du dazu?
z. B.: Die Person wird höher und breiter. Die Zuordnung der Flächen zur Einwohnerzahl ist nicht proportional. Im Säulendiagramm entsteht der Eindruck nicht.

Antiproportionale Zuordnungen

- Bei antiproportionalen Zuordnungen folgt aus der Verdopplung, der Verdreifachung, … eines Ausgangswerts die Halbierung, die Drittelung, … des zugeordneten Werts.
- Bei einer antiproportionalen Zuordnung haben die Produkte einander zugeordneter Werte immer den gleichen Wert (Produktgleichheit)

Beispiel:

Anzahl der Maler	2	3	6
Arbeitszeit in h	6	4	2

·1,5 :2   ·1,5 :2

Das Produkt der einander zugeordneten Werte ist 12.

Auftrag: Vervollständige das Beispiel und trage entsprechende Punkte ins Koordinatensystem ein.

benötigte Arbeitszeit (in h) / Anzahl der Maler

Basisaufgaben

1 Kreuze die Tabellen zu proportionalen Zuordnungen an.
Zusatzaufgabe: Verändere bei einer Zuordnung einen y-Wert, sodass eine antiproportionale Zuordnung entsteht.

[x]
x	1	2	4	8
y	8	4	2	1

x	1	2	3	6
y	6	3	5	1

2

[x]
x	1	2	4	32
y	32	16	8	1

x	1	2	5	7	11
y	2	5	7	11

2 Ergänze die Tabelle zu einer antiproportionalen Zuordnung.
Gib die Produkte der einander zugeordneten Werte an.

a)
Anzahl der Schüler	1	2	4	5
Preis pro Schüler in €	100	50	25	20

Das Produkt einander zugeordneter Werte ist 100.

b)
Anzahl der Arbeiter	1	2	5	15
Arbeitsdauer in h	30	15	6	2

Das Produkt einander zugeordneter Werte ist 30.

c)
Anzahl der Tiere	120	100	80	60
Futtervorrat in Tagen	2	2,4	3	4

Das Produkt einander zugeordneter Werte ist 240.

d)
Verbrauch in ℓ	10	5	6	40
Fahrstrecke in km	84	168	140	21

Das Produkt einander zugeordneter Werte ist 840.

3 Kreuze die Koordinatensysteme mit antiproportionalen Zuordnungen an.
Überprüfe mithilfe der Produktgleichheit.

[x]

Im Koordinatensystem liegen alle Punkte einer antiproportionalen Zuordnungen auf einer Kurve. Sie heißt Hyperbel.

---

4 Veranschauliche die Zuordnung und entscheide, ob sie antiproportional ist.

a)
x	1	1,5	2	3	4	6
y	6	4	3	2	1,5	1

Antiproportionalität liegt … [x] vor [ ] nicht vor

b)
x	0,48	1	1,2	2	2,4	5
y	5	2,4	2	1,2	1	0,48

Antiproportionalität liegt … [x] vor [ ] nicht vor

c)
x	3	4	4,8	5	6	4
y	4	3	5	4,8	4	6

Antiproportionalität liegt … [ ] vor [x] nicht vor

Weiterführende Aufgaben

5 1000 Schulbücher werden verpackt.
In jedes Paket legt man gleich viele Bücher.

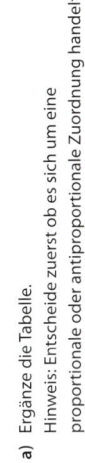

a) Ergänze die Tabelle.
Hinweis: Entscheide zuerst ob es sich um eine proportionale oder antiproportionale Zuordnung handelt.

Anzahl der Pakete	4	5	8	10	25	40	50	100
Anzahl der Bücher in einem Paket	250	200	125	100	40	25	20	10

b) Schätze, welche Pakete aus Teilaufgabe **a** du tragen kannst.
z.B.: Ein Mathematikbuch wiegt 500 g bis 700 g. 40 · 500 g = 20000 g = 20 kg   40 · 700 g = 28000 g = 28 kg
Vermutlich kannst du ein Paket mit bis zu 40 Mathematikbüchern tragen.

6 Entscheide, ob die Zuordnung proportional (p) oder antiproportional (a) oder nichts von beidem (n) ist.
Begründe deine Entscheidung.

a) Größe eines Feldes → Ernteertrag   [x] p [ ] a [ ] n
z.B.: Die Zuordnung ist proportional, wenn die Bedingungen (z. B. die Bodenqualität) überall gleich sind.

b) Geschwindigkeit → benötigte Fahrzeit   [ ] p [x] a [ ] n
z.B.: Je höher die Geschwindigkeit, desto geringer ist die Fahrzeit.

c) Körpergröße eines Menschen → Gewicht eines Menschen   [ ] p [ ] a [x] n
z.B.: Größe und Körpergewicht sind (insbesondere bei Erwachsenen) nicht voneinander abhängig.

d) Größe der Konservenbüchse → benötigte Anzahl der Konservenbüchsen   [ ] p [x] a [ ] n
z.B.: Je größer die Konservenbüchse, desto weniger Konservenbüchsen werden benötigt.

Dreisatz

- Bei proportionalen und antiproportionalen Zuordnungen können Werte mithilfe des Dreisatzes ermittelt werden.

Beispiele:

Proportionale Zuordnung

Anzahl der Brötchen	Preis in €
12	4,80
1	**0,40**
7	**2,80**

:12 :12 · 7 · 7

Antiproportionale Zuordnung

Anzahl der Maschinen	Arbeitsdauer in h
7	20
1	**140**
5	**28**

:7 · 7 · 7 :5 :5

- Schritte beim Dreisatz:
1. Schreibe den Ausgangswert und den zugeordneten Wert.
2. Schließe auf die „Eins" oder einen günstigen Hilfswert durch Division (Multiplikation).
3. Schließe auf den gesuchten Wert durch Division (Multiplikation).

Auftrag: Ergänze die Tabellen mithilfe des Dreisatzes.

Basisaufgaben

1 Ergänze die Tabelle zu einer proportionalen Zuordnung.
Hinweis: Zeichne, wenn nötig, wie im Grundwissen Pfeile ein und gib die Rechenschritte an.

a)

Anzahl der Brötchen	Preis in €
7	3,50
1	**0,50**

b)

Anzahl der Brötchen	Preis in €
1	0,45
10	**4,50**

c)

Anzahl der Brötchen	Preis in €
11	3,30
1	**0,30**

d)

Menge in ℓ	Wasserstand in dm
3	3,63
1	**1,21**
8	**9,68**

e)

Zeit in h	Strecke in km
3	150
1	**50**
7	**350**

f)

Anzahl der Teile	Masse in kg
8	9,6
1	**1,2**
6	**7,2**

2 Ergänze die Tabelle zu einer antiproportionalen Zuordnung.
Zusatzaufgabe: Finde weitere Beispiele für antiproportionale Zuordnungen.   **individuelle Lösung**

a)

Anzahl der Maschinen	Arbeitsdauer in h
10	5
1	**50**

b)

Anzahl der Maschinen	Arbeitsdauer in h
1	12
3	**4**

c)

Anzahl der Maschinen	Arbeitsdauer in h
7	5
1	**35**

d)

Anzahl der Personen	Preis pro Person in €
5	4
1	**20**
2	**10**

e)

Anzahl der Pumpen	Arbeitsdauer in Tagen
2	4
1	**8**
5	**1,6**

f)

Anzahl der Maurer	Arbeitsdauer in h
15	6
1	**90**
9	**10**

3 Entscheide zuerst, ob es eine proportionale oder antiproportionale Zuordnung ist.
Löse die Aufgaben danach mithilfe des Dreisatzes.

a) Der Futtervorrat reicht für 2 Katzen 15 Tage.
Berechne, nach wie vielen Tagen der Futtervorrat aufgebraucht ist, wenn eine dritte Katze mitgefüttert wird.

Bei 3 Katzen ist der Vorrat nach 10 Tagen aufgebraucht.

Anzahl der Katzen	Futtervorrat in Tagen
2	15
1	30
3	10

b) 7 Schälchen des Katzenfutters kosten 3,43 €.
Berechne, wie viel 10 Schälchen kosten.

10 Schälchen Katzenfutter kosten 4,90 €.

Anzahl der Schälchen	Preis in €
7	3,43
1	0,49
10	4,90

Weiterführende Aufgaben

4 Wende den Dreisatz an.

a) Aus 20 ℓ Milch lässt sich rund 1 kg Butter herstellen.
Berechne, wie viel Liter Milch für ein Stück Butter (250 g) benötigt werden.

Ein Stück Butter entsteht aus rund 5 ℓ Milch.

Butter in g	Milch in ℓ
1000	20
1	0,02
250	5

b) Sara, Lena, Emilie, Lara und Johanna wollen mit einem 5-Personen-Ticket für 14,50 € fahren.
Sara soll den Betrag für Lena und Emilie auslegen und für sich selbst bezahlen. Johanna übernimmt den Rest.
Berechne, wie viel Sara und Johanna jeweils bezahlen.

Sara zahlt 8,70 €. Johanna zahlt 5,80 € (= 2 · 2,90 €).

Personen	Preis in €
5	14,50
1	2,90
3	8,70

5 Mit einem Zug wird bei einer Durchschnittsgeschwindigkeit von 100 km pro Stunde ein Ziel nach 27 h erreicht.

a) Berechne, wie lange es dauern würde, bis ein Flugzeug mit einer Durchschnittsgeschwindigkeit von 900 km pro Stunde einen gleich langen Weg zurückgelegt hat.

Das Flugzeug benötigt 3 h.

Geschwindigkeit in $\frac{km}{h}$	Zeit in h
100	27
1	2700
900	3

b) Lukas sagt: „Wenn der Zug 50 km pro Stunde fahren würde, wären wir in der Hälfte der Zeit da."
Hat er recht? Begründe deine Meinung.

Die Aussage ist falsch. Es handelt sie um eine antiproportionale Zuordnung. Die Fahrtzeit verdoppelt sich.

c) Ein Flugzeug überfliegt mit 900 km pro Stunde die Zugspitze.
Berechne, wie weit das Flugzeug nach 20 Minuten davon entfernt ist.

Das Flugzeug ist bis zu 300 km von der Zugspitze entfernt.

z. B.: 1 h $\triangleq$ 900 km $\frac{1}{3}$ h $\triangleq$ 300 km   (20 min = $\frac{1}{3}$ h)

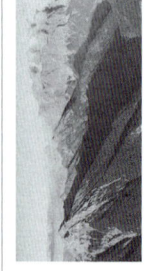

1 Ergänze die passenden Bezeichnungen aus der Prozentrechnung und aus der Zinsrechnung.

	Anteil von einem Ganzen	Größe des Anteils von einem Ganzen	Größe von einem Ganzen
Prozentrechnung	Prozentsatz p %	Prozentwert W	Grundwert G
Zinsrechnung	Zinssatz p %	Zinsen Z	Kapital K

2 Ermittle das Ergebnis mithilfe der Tabelle.

a) Berechne, wie viel Prozent 1,20 € von 30 € sind.

Prozent	Betrag in €
100 %	30
$3\frac{1}{3}$ %	1
4 %	1,20

Es sind 4 %.

b) Bestimme 5 % p.a. von 1600 €.

Prozent	Betrag in €
100 %	1600
1 %	16
5 %	80

Es sind 80,00 €.

c) Bei 2,5 % p.a. gibt es 156 € Zinsen. Berechne das Kapital.

Prozent	Betrag in €
100 %	6240
1 %	62,40
2,5 %	156

6240,00 € sind das Kapital.

3 Ergänze die Tabelle zur Zinsrechnung.

Kapital	200,00 €	200,00 €	500,00 €	1500,00 €	800,00 €	1800,00 €
Zinssatz p.a.	3 %	6,25 %	7,5 %	1,75 %	4 %	2,9 %
Jahreszinsen	6,00 €	12,50 €	37,50 €	26,25 €	32,00 €	52,20 €

4 Ermittle den Prozentwert und Grundwert.
Hinweis: Miss genau und schreibe Größenangabe zum Rechteck.

a) Schraffiere 30 % der Flächen.

30 % → G = 5 cm, W = 1,5 cm | G = 6 cm, W = 1,8 cm

b) Schraffiere 70 % der Fläche.

70 % → G = 5 cm, W = 3,5 cm | G = 6 cm, W = 4,2 cm

5 Aktionswochen im Möbelhaus
Ein Sessel kostete ursprünglich 155 €.
In der Aktionswoche wurde der Preis um 6 % gesenkt.

Finde den Fehler und rechne erneut.
Vervollständige den Antwortsatz.

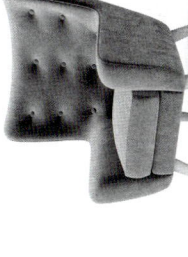

Prozent	Betrag in €
106 %	155
1 %	1,46
100 %	146

Prozent	Betrag in €
100 %	155
1 %	1,55
94 %	145,70

Der Sessel kostet in der Aktionswoche **145,70 €**. Das sind **94** % des ursprünglichen Preises.

Wo stehe ich?

🙂 Die Aufgabe kann ich sicher lösen.

😐 Die Aufgabe kann ich mit Nachschauen lösen.

☹ Ich kann die Aufgabe nicht lösen. Hier brauche ich Hilfe.

Ich kann …	🙂	😐	☹	Hier kannst du üben:
… die Begriffe Grundwert, Prozentwert und Prozentsatz richtig verwenden. (Testaufgabe 1)				S. 24/25
… bei gegebenem Grundwert und Prozentsatz den Prozentwert berechnen. (Testaufgaben 2 b) und 4)				S. 26/27
… bei gegebenem Grundwert und Prozentwert den Prozentsatz berechnen. (Testaufgabe 2 a))				S. 26/27
… bei gegebenem Prozentwert und Prozentsatz den Grundwert berechnen. (Testaufgaben 2 c) und 4)				S. 26/27
… Prozentwerte bei Veränderungen berechnen. … Prozentsätze bei Veränderungen berechnen. … Grundwerte bei Veränderungen berechnen. (Testaufgabe 5)				S. 28/29
… mit Zinsen rechnen. (Testaufgabe 3)				S. 30/31

Grundbegriffe der Prozentrechnung

In der Prozentrechnung unterscheidet man zwischen
Prozentsatz p% (Anteil des Prozentwertes am Grundwert), **Prozentwert W** (betrachteter Teil des Grundwerts) und **Grundwert G.** (steht für das Ganze und entspricht 100%)

Beispiele:

Wie viel Prozent sind 7 Schüler von 20 Schülern?

Prozent	Schüler
100%	20
5%	1
35%	7

:20   ·7

Ermittle 16% von 50 Schülern.

Prozent	Schüler
100%	50
1%	0,5
16%	8

:100   ·16

50 Schüler sind bereits angemeldet. Das sind 20%. Gib die Gesamtzahl an.

Prozent	Schüler
100%	250
1%	2,5
20%	50

·100   :20

Auftrag: Ergänze die Berechnungen.

Basisaufgaben

1 Betrachte den eingefärbten Anteil. Ergänze passende Angaben bzw. färbe Teile ein.

Prozentsatz p%	25%	80%	50%	30%	20%	100%
Prozentwert W	1	4	5	3	1	4
Grundwert G	4	5	10	10	5	4

2 Ermittle den Prozentsatz mithilfe der Tabelle.

a) Bestimme, wie viel Prozent 7 cm von 20 cm sind. **35%**

Prozent	Länge in cm
100%	20
5%	1
35%	7

b) Bestimme, wie viel Prozent 150 g von 500 g sind. **30%**

Prozent	Masse in g
100%	500
0,2%	1
30%	150

c) Bestimme, wie viel Prozent 12 min von 60 min sind. **20%**

Prozent	Zeit in min
100%	60
$1\frac{2}{3}$%	1
20%	12

3 Ermittle den Prozentwert mithilfe der Tabelle.

a) 80% von 200 Karten sind weg. Das sind **160 Karten**.

Prozent	Karten
100%	200
1%	2
80%	160

b) 300 g Ketchup enthalten 22% Zucker. Das sind **66 g**.

Prozent	Masse in g
100%	300
1%	3
22%	66

c) Von 110 € gibt es 19% Rabatt. Das sind **20,90 €**.

Prozent	Preis in €
100%	110,00
1%	1,10
19%	20,90

4 Ermittle den Grundwert mithilfe der Tabelle.

a) 10 Teile (5%) sind defekt. Insgesamt sind es **200** Teile.

Prozent	Teile
100%	200
1%	2
5%	10

b) 3,8% (76 mℓ) sind Fett. Insgesamt sind es **2 ℓ** Milch.

Prozent	Milch in mℓ
100%	2000
1%	20
3,8%	76

c) 30% (13,5 Punkte) Insgesamt gab es **45** Punkte.

Prozent	Punkte
100%	45
1%	0,45
30%	13,5

5 Berechne den Prozentsatz im Kopf.

a) 9 cm von 45 cm sind **20%**.
b) 5 kg von 20 kg sind **25%**.
c) 6 € von 24 € sind **25%**.
d) 17 cm von 50 cm sind **34%**.
e) 8,7 kg von 10 kg sind **87%**.
f) 51 g von 300 g sind **17%**.

6 Berechne den Prozentwert im Kopf.

a) 25% von 80 m sind **20 m**.
b) 3% von 200 g sind **6 g**.
c) 10% von 60 min sind **6 min**.
d) 70% von 8 kg sind **5,6 kg**.
e) 75% von 2 ℓ sind **1,5 ℓ**.
f) 13% von 20 s sind **2,6 s**.

7 Berechne den Grundwert im Kopf.

a) 10% von **70 h** sind 7 h.
b) 15% von **100 m** sind 15 m.
c) 20% von **40 s** sind 8 s.
d) 19% von **200 €** sind 38 €.
e) 7% von **120 €** sind 8,4 €.
f) 1,5% von **500 mℓ** sind 7,5 mℓ.

Weiterführende Aufgaben

8 „Heute geben Ihnen unsere Verkäufer 16% Rabatt auf alle Möbel und an der Kasse werden danach zusätzlich 2% Skonto bei Barzahlung abgezogen."

a) Ein Kunde fragt, wie viel der 270 € teure Schrank heute kostet. Berechne.

Verkäufer: 84% von 270,00 € sind 226,80 €.

Kasse: 98% von 226,80 € sind 222,26 €.

270 € − 222,26 € = 47,74 €

b) Max meint: „Da kann ich ja direkt 18% vom Preis abziehen." Hat er recht? Begründe.

82% von 270 € sind 221,40 €.

Max hat nicht recht, da die 2% Skonto von einem neuen Grundwert abgezogen werden.

9 Ein Produkt kostet 100 €. Der Preis wurde drei Monate in Folge je um 10% verringert. Sind die Aussagen wahr oder falsch? Kreuze an.
Hinweis: Berechne den neuen Preis, nach jeder Preissenkung.

Das Produkt kostet jetzt 72,90 €. [x] wahr [ ] falsch
Der Preis des Produkts hat sich insgesamt um 27,1% verringert. [x] wahr [ ] falsch
Das Produkt wurde insgesamt 30% günstiger. [ ] wahr [x] falsch

Prozentuale Veränderung

Man muss bei prozentualen Veränderungen unterscheiden, ob eine Veränderung **um** oder **auf** einen Prozentsatz betrachtet wird.

Steigerung um p %
Steigerung auf (100 + p) %

Senkung um p %
Senkung auf (100 − p) %

Beispiele:

Ein Brot kostet nach der Aktionswoche 4,32 €.
Der alte Preis wurde um 20 % erhöht.
Wie viel kostete es zuvor?

	Prozent	Preis in €
	100 %	3,60
	1 %	0,036
	120 %	4,32

100 % + 20 % = **120 %**

Es kostete in der Aktionswoche **3,60 €.**

Auftrag: Ergänze die Beispiele.

Eine Hose kostet nach der Reduzierung 59,25 €.
Es sind 25 % weniger.
Wie viel kostete sie zuvor?

	Prozent	Preis in €
	100 %	79
	1 %	0,79
	75 %	59,25

100 % − 25 % = **75 %**

Die Hose kostete zuvor **79,00 €.**

Basisaufgaben

1 Die Länge des Rechtecks stellt den Grundwert (also 100 %) dar. Vervollständige den Satz bzw. die Abbildung.

a) Die Länge verringerte sich um 30 % auf **70 %**.

b) Die Länge erhöhte sich um 20 % auf 120 %.

c) Die Länge nahm um 40 % auf **60 %** ab.

d) Die Länge nahm um 25 % auf **125 %** zu.

2 Ordne die Werte zu und ergänze leere Felder.
Hinweis: Nutze zum Rechnen, wenn nötig, ein zusätzliches Blatt.

57% 103% 218% 119,90€ 33,96€ 11,99€ 434,25€ 702,00€

alter Preis	Prozentuale Steigerung/Senkung auf …	Prozentuale Steigerung/Senkung um …	neuer Preis
119,90€	103%	3%	123,50€
69,00€	57%	43%	39,33€
33,96€	53%	47%	18,00€
5,50€	218%	118%	11,99€
650,00€	108%	8%	702,00€
450,00€	96,5%	3,5%	434,25€

3 Erkläre anhand der Zeichnungen die Bedeutung der Ausdrücke „Anstieg um 110 %" und „Anstieg auf 110 %".

[30 mm] [33 mm]   [30 mm] [3 mm]

Beim Anstieg um 110 % kommen 110 % zu den gegebenen 100 % dazu. Die Fläche des Rechtecks wird mehr als verdoppelt.

Beim Anstieg auf 110 % kommen nur 10 % der gegebenen Fläche dazu.

4 Berechne mithilfe des Dreisatzes.

a) Ein Händler gibt 19 % Rabatt.
Statt 500 € kostet die Couch somit **405 €.**

	Prozent	Preis in €
	100 %	500,00
	1 %	5,00
	81 %	405,00

b) Ohne 19 % Mehrwertsteuer kostet der Tisch 200 €.
Mit Steuer sind es **238 €.**

	Prozent	Preis in €
	100 %	200,00
	1 %	2,00
	119 %	238,00

c) Der Bestand nahm um 40 % ab.
Es sind 300 Fische.
Zuvor waren es **500 Fische.**

	Prozent	Fische
	100 %	500
	1 %	5
	60 %	300

d) Der Bestand nahm um 20 % zu.
Es waren zuvor 80 Tiere.
Jetzt sind es **96 Tiere.**

	Prozent	Tiere
	100 %	80
	1 %	0,8
	120 %	96

e) 132 t Gurken wurden geerntet.
Das sind 10 % mehr als im letzten Jahr. Da waren es **120 t.**

	Prozent	Gurken in t
	100 %	120
	1 %	1,2
	110 %	132

f) Es wurden 36 kg Äpfel verkauft.
Das sind 90 %.
Insgesamt waren es **40 kg Äpfel.**

	Prozent	Äpfel in kg
	100 %	40
	1 %	0,4
	90 %	36

Weiterführende Aufgaben

5 Löse die Aufgabe.

a) Ein Handy kostete 195,00 €. Gestern wurde der Preis um 25,2 % gesenkt. Berechne, wie viel es jetzt kostet.

100 % − 25,2 % = 74,8%   74,8 % von 195,00 € sind 145,86 €.

Das Handy kostet jetzt 74,8 % von 195,00 €. Das sind 145,86 €.

b) Möbelhändler Holz überlegt: Soll er dem Kunden erst einen Rabatt von 3 % für die neue Couchgarnitur gewähren und dann den 4,5-prozentigen Aufschlag für den besonderen Bezugsstoff berechnen oder soll er erst den 4,5-prozentigen Aufschlag berechnen und danach 3 % Rabatt geben? Die Standardvariante der Couchgarnitur kostet 2 000,00 €. Begründe, welches Verfahren sinnvoller ist.

(2000 € · 0,97) · 1,045 = (2000 € · 1,045) · 0,97 = 2027,30 € Assoziativgesetz der Multiplikation

In beiden Fällen hat der Kunde 2027,30 € zu zahlen.

Geldbeträge werden mit zwei Stellen nach dem Komma angegeben.
5,3 € = 5,30 €
5 Euro und 30 Cent

6 Spielt zu dritt mit einem Würfel und je einer Spielfigur (z.B. einer Münze). Das Startguthaben beträgt 1 000,00 €. Sieger ist, wer mit dem größten Betrag durch das Ziel geht.

Start — senke auf 20% ab — erhöhe auf 110% — erhöhe um 10% — senke um 20% ab — senke auf 50% ab — erhöhe um 30%

erhöhe um 20% — senke um 10% ab — senke um 20% ab — erhöhe auf 200% — nimm 100€ dazu — senke auf 50% ab — senke auf 10% ab

senke auf 50% ab — senke um 20% ab — erhöhe auf 200% — senke auf 50% ab — Ziel

Sachaufgaben zur Prozentrechnung

Schrittfolge beim Lösen von Sachaufgaben zur Prozentrechnung.

1. Schritt: Überlege, was der Grundwert, was der Prozentwert bzw. was der Prozentsatz ist.

2. Schritt: Überlege dir einen Lösungsweg, überschlage das Ergebnis und berechne dementsprechend das Ergebnis.

3. Schritt: Überprüfe, ob dein Ergebnis stimmen kann. Passt es zum Überschlag und zum Aufgabentext?

4. Schritt: Formuliere einen sinnvollen Antwortsatz.

Auftrag: Unterstreiche je Schritt höchstens drei wichtige Wörter.   **individuelle Lösung**

Basisaufgaben

1 Vorgehen beim Lösen von Sachaufgaben

a) Unterstreiche den Grundwert, den Prozentwert und den Prozentsatz. Lege zuvor Farben fest.

☐ Grundwert ——   ☐ Prozentwert 〰〰   ☐ Prozentsatz - - - -

① Eine Gurke ist 550 g schwer und besteht zu ca. 90 % aus Wasser. Gib die Masse an Wasser an.

② Jeden Tag sind durchschnittlich 5 % der 29 Schülerinnen und Schüler einer siebten Klasse krank. Bestimme die durchschnittliche Anzahl an Kranken.

③ Von den 1320 Schülerinnen und Schülern einer Schule gehören 165 der siebten Jahrgangsstufe an. Bestimme den Anteil in Prozent.

④ Zwölf Schülerinnen und Schüler planen eine Abschlussfeier. Das sind fünf Prozent aller Teilnehmer. Berechne die Anzahl an Personen, welche an der Feier teilnehmen.

⑤ Der Preis eines 59,99 € teuren Trikots wird um 25 Prozent reduziert. Gib den Preis nach der Reduzierung an.

⑥ Bei einer Kontrolle der Polizei wurden insgesamt 750 Fahrräder überprüft. 435 der Räder wiesen kleine Mängel auf und 15 Räder wurden wegen schwerer Mängel aus dem Verkehr gezogen. Gib an, wie viel Prozent der Fahrräder insgesamt Mängel aufwiesen und wie viel Prozent aus dem Verkehr gezogen wurden.

b) Löse die Aufgaben aus Teilaufgabe **a**.
Zusatzaufgabe: Beurteile ob die Genauigkeit des Ergebnisses sinnvoll ist.

zu ①:

Prozent	Wasser in g
100 %	550
1 %	5,5
90 %	495

Genauigkeit nicht sinnvoll

zu ②:

Prozent	Schüler
100 %	29
1 %	0,29
5 %	1,45

Genauigkeit nicht sinnvoll

zu ③:

Prozent	Schüler
100 %	1320
0,076 %	1
12,5 %	165

Genauigkeit sinnvoll

zu ④:

Prozent	Schüler
100 %	240
1 %	2,4
5 %	12

Genauigkeit sinnvoll

zu ⑤:

Prozent	Preis in €
100 %	59,99
1 %	0,5999
75 %	44,9925

Genauigkeit nicht sinnvoll

zu ⑥:

Prozent	Fahrräder
100 %	750
0,1333 %	1
60 %	450

Genauigkeit sinnvoll

---

2 Der Anteil an Kakaomasse und Kakaobutter einer Schokoladentafel bestimmt die Art der Schokolade. Vervollständige die Tabelle der Durchschnittswerte für eine 120g-Tafel.
Hinweis: Verwende zum Rechnen, wenn nötig, ein zusätzliches Blatt.

	Anteil an Kakao		Anteil an Kakaobutter	
	Prozent	Gramm	Prozent	Gramm
Bitterschokolade	70 %	**84 g**	**0 %**	0 g
Zartbitterschokolade	**50 %**	60 g	**5 %**	6 g
Vollmilchschokolade	30 %	**36 g**	10 %	**12 g**
Milchschokolade	15 %	**18 g**	**15 %**	18 g
Weiße Schokolade	**0 %**	0 g	20 %	**24 g**

Weiterführende Aufgaben

3 Was halten Jugendliche von Handys?

Handys sind schon lange viel mehr als nur ein mobiles Telefon.
Viele der Jugendlichen zwischen 14 und 24 Jahren sind davon überzeugt, dass sie auf ein eigenes Handy nicht verzichten könnten. Für 9 von 10 – das waren 1233 Befragte – ist die tägliche Nutzung selbstverständlich.
256 sind der Meinung: Wer kein Handy hat, ist isoliert, weil man sie oder ihn beispielsweise nicht immer erreichen kann und spontane Verabredungen somit oft nicht möglich sind. Etwa jeder Dritte besaß im letzten Jahr unterschiedliche Handys. Obwohl mehr als 80 % mehr Vor- als Nachteile in der Handynutzung sehen, stellten ca. $\frac{3}{4}$ aller Befragten fest, dass sie sich aufgrund der Handynutzung weniger bewegen. Mehrere Antworten waren möglich.

a) Gib an für wie viel Prozent der Befragten die tägliche Nutzung des Handys selbstverständlich ist.

Für 90 % ist die tägliche Nutzung selbstverständlich.

b) Berechne, wie viele Personen befragt wurden.

1370 Personen wurden befragt.

c) Ermittle, wie viele Personen mehr Vorteile als Nachteile in der Handynutzung sehen.

Über 1096 Befragte sehen mehr Vorteile als Nachteile in der Handynutzung.

d) Berechne, wie viele der Befragten im letzten Jahr unterschiedliche Handys besaßen.

Rund 457 Befragte besaßen im letzten Jahr unterschiedliche Handys.

e) Gib an, wie viel Prozent der Befragten feststellten, dass sie sich aufgrund der Handynutzung weniger bewegen.

Rund 75 % der Befragten stellten dies fest.

f) Gib an, wie viele der Befragten nicht feststellten, dass sie sich aufgrund der Handynutzung weniger bewegen.

Rund 342 der Befragten stellten nicht fest.

Personen werden immer auf Ganze gerundet.
4,3 Personen
≈ 4 Personen

Zinsen

Die bei der Zinsrechnung angewendeten Rechenverfahren entsprechen denen der Prozentrechnung.
Dabei ändern sich die Begriffe:

Zinssatz p % (p. a.), (Prozentsatz p%) **Zinsen Z (p. a.) und (Prozentwert W)** **Kapital K. (Grundwert G)**

Beispiele:

Für das Leihen von 200 € sind nach einem Jahr 40 € zu zahlen. Berechne den Zinssatz.

Der Zinssatz für geduldete Überziehung beträgt 12 %. Berechne die Jahreszinsen für 50 €.

50 € Zinsen wurden nach einem Jahr gezahlt. Der Zinssatz war 2 % p. a. Berechne das Anfangskapital.

Prozent	Betrag in €
100 %	200
0,5 %	1
20 %	40

:200 ·40

Prozent	Betrag in €
100 %	50
1 %	0,5
12 %	6

:100 ·12

Prozent	Betrag in €
100 %	2500
1 %	25
2 %	50

:100 ·2

Auftrag: Ergänze die Beispiele.

Basisaufgaben

1 Ergänze den Zinssatz, die Jahreszinsen bzw. das Kapital. Nutze zum Rechnen die Tabelle.

a) Frau Arndt leiht sich für ein Jahr 500 € und zahlt dafür 30 € Zinsen bei einem Zinssatz von **6 % p. a.**

Prozent	Betrag in €
100 %	500
1 %	1
6 %	30

:500 ·30

b) Frau Clas legt für ein Jahr 4000 € an und erhält dafür 128 € Zinsen bei einem Zinssatz von **3,2 % p. a.**

Prozent	Betrag in €
100 %	4000
0,025 %	1
3,2 %	128

:4000 ·128

c) Herr Drake leiht sich für ein Jahr 800 € zu einem Zinssatz von 12,5 % p. a. Seine Jahreszinsen betragen **100 €.**

Prozent	Betrag in €
100 %	800
1 %	8
12,5 %	100

:100 ·12,5

d) Herr Ernst leiht sich für ein Jahr 300 € zu einem Zinssatz von 11,5 % p. a. Seine Jahreszinsen betragen **34,50 €.**

Prozent	Betrag in €
100 %	300
1 %	3
11,5 %	34,50

:100 ·11,5

e) Frau Genz zahlte bei einem Zinssatz von 10 % nach einem Jahr 200 € Zinsen. Sie lieh sich demnach **2000 €.**

Prozent	Betrag in €
100 %	2000
1 %	20
10 %	200

:100 ·10

f) Herr John erhielt bei einem Zinssatz von 1,53 % nach einem Jahr 30,60 € Zinsen. Er legte demnach **2000 €** an.

Prozent	Betrag in €
100 %	2000
1 %	20
1,53 %	30,60

:100 ·1,53

2 Ergänze die Tabelle. Rechne, wenn nötig, auf einem zusätzlichen Blatt.

Z	520 €	900 €	456,75 €	565,11 €	39,30 €	121,75 €	0,12 €
p%	13 %	7,5 %	5,25 %	13,5 %	0,5 %	0,25 %	0,09 %
K	4000 €	12000 €	8700 €	4186 €	7860 €	48700 €	137,50 €

3 Bankgeschäfte

a) Frau Schmidt erhielt nach einem Jahr 12,20 € Zinsen für 500 €.
Herr Len bekam bei einer anderen Bank nach einem Jahr 19,52 € Zinsen für 800 €.
Berechne, wer den höheren Zinssatz hatte.

Frau Schmidt und Herr Len haben ihr Geld zum gleichen Zinssatz von 2,44 % angelegt.

Prozent	Betrag in €
100 %	500
0,2 %	1
2,44 %	12,20

Prozent	Betrag in €
100 %	800
0,125 %	1
2,44 %	19,25

b) Frau Bag legt Geld stets für ein Jahr an. Sie lässt sich am Ende der Laufzeit die Zinsen zusammen mit dem Anfangskapital auszahlen.
Dieses Jahr bekam sie 74,75 € Zinsen bei 2,3 % p. a. und im letzten Jahr waren es 72,00 € bei 2,4 % p. a. Berechne, wie viel Euro sie in den beiden Jahren angelegt hat.

Sie hatte im letzten Jahr 3250 € und im vorletzten Jahr 3000 € angelegt.

Prozent	Betrag in €
100 %	3250
1 %	32,5
2,3 %	74,75

Prozent	Betrag in €
100 %	3000
1 %	30
2,4 %	72

c) Herr Reiner leiht sich für ein Jahr 2600 € für 5,8 % p. a. Berechne den Betrag, der nach einem Jahr an die Bank zu zahlen ist.

2750,80 € sind nach einem Jahr an die Bank zu zahlen.

Prozent	Betrag in €
100 %	2600
1 %	26
5,8 %	150,80

2600,00 €
+ 150,80 €
2750,80 €

Weiterführende Aufgaben

4 Ergänze den Satz.
Zusatzaufgabe: Überprüfe mithilfe eines Überschlags ob das Ergebnis stimmen kann. Berechne dazu mithilfe der Ergebnisses eine der beiden gegebenen Angaben.

a) Jana hat 560 € auf ihrem Konto. Sie erhält 3,1 % Zinsen p. a. Nach einem Jahr sind **577,36 €** auf dem Konto.

b) Familie Krüger hat einen Kredit für 7,2 % Zinsen p. a., 108,00 € Zinsen zahlen sie nach einem Jahr für **1500 €.**

c) Der Zinssatz bei der X-Bank beträg **4 %** p. a. und die nach einem Jahr zu zahlenden Zinsen 40,40 € bei einer Kreditsumme von 1000 €. Die Bearbeitungsgebühr ist 1 %. Sie wird zuvor auf die Kreditsumme aufgeschlagen.

5 Unterstreiche den Fehler.
Hinweis: Achte auf die Verwendung der Begriffe.

a) Ein Grundwert von 5200 € wird mit einem Zinssatz von 3 % verzinst. **Kapital**

b) Bei einem Kredit von 2400 € zu einem Zinssatz von 6 % p. a. fallen 244 € Zinsen an. **144 €**

c) Ein Kapital wird zu 4,5 % verzinst. Das entspricht einem Prozentwert von 23 € pro Jahr. **Zinsen**

d) Bei einem Zinssatz von 1,5 % p. a. werden 42 € pro Monat gutgeschrieben. **Jahr**

e) Bei einem Kapital von 6700 € entsprechen Zinsen in der Höhe von 134 € einem Zinssatz von 3 %. **2%**

G ≙ K
W ≙ Z (p. a.)
p % ≙ p % (p. a.)

Teste dich

1 Ermittle ohne Geodreieck die Größen der Winkel.

a)

$\alpha = 111°$
$\beta = 69°$
$\delta = 69°$

b)

$\beta = 52°$
$\gamma = 69°$
$\gamma_2 = 31°$
$\delta = 111°$

c)

$\alpha = 62°$
$\beta = 40°$
$\gamma = 117°$
$\varepsilon = 113°$

d)

$\alpha = 109°$
$\beta = 37°$
$\gamma = 71°$
$\delta = 95°$
$\varepsilon = 85°$

2 Berechne die fehlenden Winkelgrößen.

a) Dreieck ABC mit … $\alpha = 70°$ $\beta = 35°$ $\gamma = 75°$

b) gleichseitiges Dreieck ABC mit … $\alpha = 60°$ $\beta = 60°$ $\gamma = 60°$

c) gleichschenkliges Dreieck mit … $\alpha = 42°$ $\beta = 69°$ $\gamma = 69°$

d) rechtwinkliges, gleichschenkliges Dreieck mit … $\alpha = 45°$ $\beta = 45°$ $\gamma = 90°$

3 Innenwinkelsumme im Vieleck

a) Ermittle die Innenwinkelsumme des Fünfecks.   **540°**

b) Begründe dein Ergebnis:

z. B. Jedes Fünfeck kann in drei Dreiecke zerlegt werden.

Die Innenwinkel der drei Dreiecke sind zusammen

genauso groß wie die vom Fünfeck.

$3 \cdot 180° = 540°$

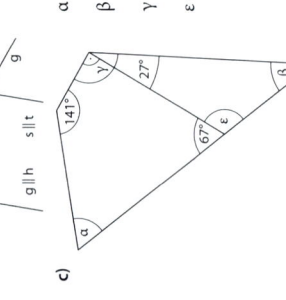

c) Vervollständige die Tabelle für Vielecke.

Anzahl der Ecken	3	4	5	6	7	8	9	10
Innenwinkelsumme	180°	360°	540°	720°	900°	1080°	1260°	1440°

Wo stehe ich?

😊 Die Aufgabe kann ich sicher lösen.

😐 Die Aufgabe kann ich mit Nachschauen lösen.

☹ Ich kann die Aufgabe nicht lösen. Hier brauche ich Hilfe.

Ich kann…	😊	😐	☹	Hier kannst du üben.
… Nebenwinkel und Scheitelwinkel erkennen. … den Nebenwinkelsatz und den Scheitelwinkelsatz anwenden. (Testaufgabe 1)				S. 34/35
… Stufenwinkel und Wechselwinkel erkennen. … den Stufenwinkelsatz und den Wechselwinkelsatz anwenden. (Testaufgabe 1)				S. 34/35
… mit dem Innenwinkelsatz die Winkelgrößen im Dreieck bestimmen. … den Basiswinkelsatz anwenden. (Testaufgabe 2)				S. 36/37
… mit dem Innenwinkelsatz die Winkelgrößen im Viereck bestimmen. (Testaufgabe 3)				S. 36/37

Winkel an Geradenkreuzungen

- Die benachbarten Winkel α und β an einer Geradenkreuzung nennt man **Nebenwinkel.** Sie ergänzen sich zu 180°.

- Die gegenüberliegenden Winkel α und γ an einer Geradenkreuzung nennt man **Scheitelwinkel.** Sie sind gleich groß.

- Die beiden Winkel ξ und ε, die an zwei Geradenkreuzungen die gleiche Ausrichtung haben, heißen **Stufenwinkel.** Sie sind an geschnittenen Parallelen gleich groß.

- Die beiden Winkel ξ und δ, die an zwei Geradenkreuzungen eine entgegengesetzte Ausrichtung haben, heißen **Wechselwinkel.** Sie sind an geschnittenen Parallelen gleich groß.

Auftrag: Ergänze die Fachbegriffe.

Basisaufgaben

1 Scheitelwinkel und Nebenwinkel

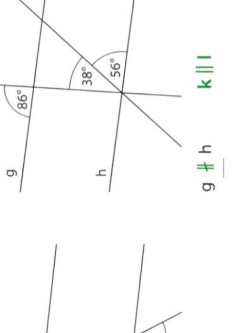

a) Färbe alle Scheitelwinkelpaare ein und gib sie an.

α₁ und α₄; α₂ und α₅; α₃ und α₆

b) Gib die Winkelpaare an, welche zusammen einen Nebenwinkel von α₁ bilden.

α₂ und α₃; α₅ und α₆

2 Winkel an geschnittenen Parallelen

a) Markiere entsprechende Winkel. Lege zuvor die Farben fest.

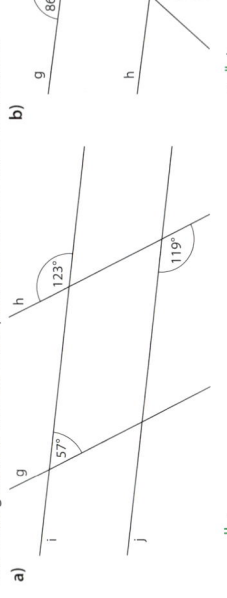

[ ] Scheitelwinkel zu δ₄ — β₄
[ ] Nebenwinkel zu α₁ — β₁; δ₁
[ ] Wechselwinkel zu β₂ — δ₄
[ ] Stufenwinkel zu γ₃ — γ₁

b) Benenne die Winkelpaare

α₃ und β₃ sind **Nebenwinkel.**
δ₂ und β₂ sind **Scheitelwinkel.**
α₂ und α₄ sind **Stufenwinkel.**
γ₁ und α₃ sind **Wechselwinkel.**

γ₄ und α₂ sind **Wechselwinkel.**
γ₃ und α₃ sind **Scheitelwinkel.**
γ₄ und α₄ sind **Scheitelwinkel.**
δ₂ und α₂ sind **Nebenwinkel.**

3 Bestimme die Winkelgrößen ohne zu messen.

a)

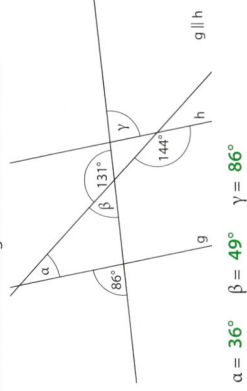

g ∥ h

α = **143°** β = **143°** γ = **37°**

b)   i ∥ j

α = **69°** β = **111°** γ = **69°**

---

4 Entscheide, ob die Geraden g und h parallel zueinander sind. Ergänze ∥ oder ∦.

Zusatzaufgabe: Gib weitere Paare paralleler Geraden an, wenn möglich.

a)

g ∦ h

b)

k ∥ l

5 Bestimme die Winkelgrößen ohne zu messen.

a)

α = **36°** β = **49°** γ = **86°**

g ∥ h

b)

α = **74°** β = **51°** γ = **55°**

g ∥ h

6 Die Geraden g und h sind parallel zueinander. Berechne die Größe von α.

Hinweis: Zeichne eine weitere Gerade ein.

α = **25° + 35° = 60°**

Weiterführende Aufgaben

7 Je zwei der Balken verlaufen parallel zueinander. Bestimme mithilfe der angegebenen Winkel 20 weitere Winkelgrößen im Fachwerk. Markiere gleich große Winkel mit der gleichen Farbe.

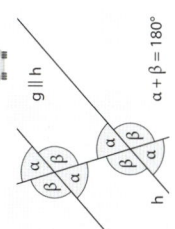

[———] 67°
[▭] 72°
[········] 108°
[- - - -] 113°

8 Begründe mithilfe der Zeichnung, dass α + β + γ = 180°. Finde dazu weitere Winkel, die genauso groß sind wie α, β und γ. Formuliere einen Antwortsatz.

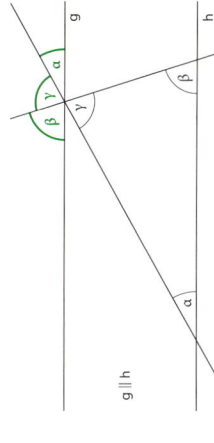

g ∥ h

α, β und γ bilden oberhalb des Dreiecks einen Halbkreis. Dieser hat eine Größe von 180°, also α + β + γ = 180°.

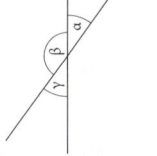
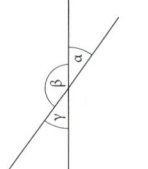
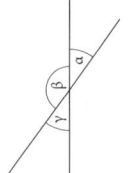
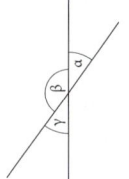
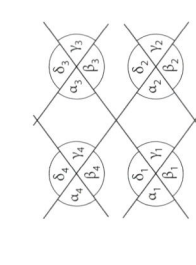
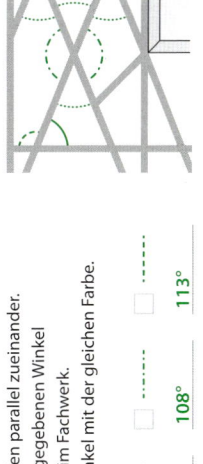
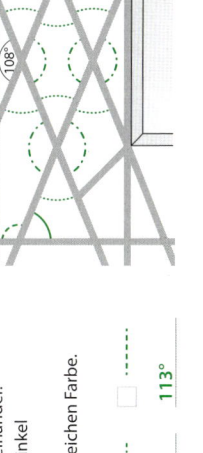

Winkelsumme im Dreieck und im Viereck

- Die Summe der Innenwinkel in einem Dreieck beträgt immer **180°**.

  Beispiel: $\alpha + \beta + \gamma = 50° + 30° + 100° = $ **180°**

- Die Summer der Innenwinkel in einem Viereck beträgt immer **360°**.

  Beispiel: $\alpha + \beta + \gamma + \delta = 110° + 45° + 140° + 65° = $ **360°**

Auftrag: Ergänze die Innenwinkelsummen.

Basisaufgaben

1 Miss die Größen der Innenwinkel und bilde deren Summe.

a)

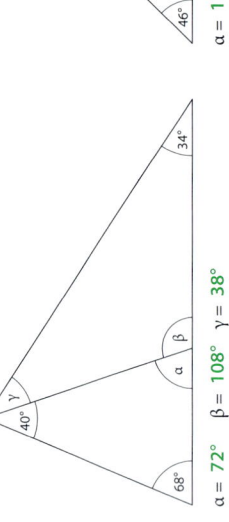

$50° + 60° + 70° = 180°$

b)

$110° + 140° + 40° + 70° = 360°$

c)

$125° + 60° + 125° + 50° = 360°$

2 Ermitteln von Innenwinkelsummen durch Abreißen von Ecken.

a) Schneide ein beliebiges Viereck aus, reiße die Ecken ab und lege sie Spitze an Spitze aneinander.
Ermittle den Winkel, den die Ecken zusammen bilden.

Zusatzaufgabe: Probiere es mit verschiedenartigen Vierecken, Dreiecken (180°)
oder Sechsecken aus. (360°)
(720°)
Die Ecken bilden einen 360° großen Winkel (Vollwinkel).

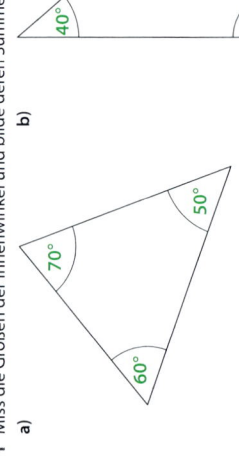

b) Gib die Größen der Winkel an, die zu einem Dreieck oder einem Viereck gehören können. Finde, wenn möglich, je zwei Lösungen.

Dreiecke: $70° + 65° + 45° = 180°$

Vierecke: $90° + 90° + 70° + 110° = 360°$ $185° + 70° + 65° + 40° = 360°$

3 Berechne die fehlende Winkelgröße des Dreiecks.

α	120°	65°	86°	112°	57°	73°
β	30°	**65°**	30°	**63°**	99°	**39°**
γ	**30°**	50°	**64°**	5°	**24°**	68°

4 Berechne die fehlende Winkelgröße des Vierecks.

α	170°	52°	95°	90°	**52°**	95°
β	85°	185°	**100°**	90°	18°	95°
γ	85°	**23°**	55°	90°	256°	**85°**
δ	**20°**	100°	110°	90°	34°	85°

5 Bestimme die Winkelgrößen ohne zu messen.

a)

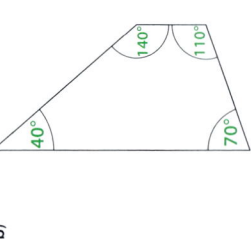

$\alpha = $ **72°** $\beta = $ **108°** $\gamma = $ **38°**

b)

$\alpha = $ **116°** $\beta = $ **244°** $\gamma = $ **11°**

Weiterführende Aufgaben

6 Beurteile die Aussage. Begründe deine Entscheidung.

Antje sagt: „Es gibt ein gleichschenkliges Dreieck, in dem zwei Winkel 95° groß sind."
$95° + 95° = 190° > 180°$ **Die Innenwinkelsumme kann nicht größer als 180° sein.**   ☐ wahr   ☒ falsch

Hanna sagt: „Es gibt ein Dreieck, in dem alle Winkel kleiner als 50° sind."
$3 \cdot 50° = 150° < 180°$ **Die Innenwinkelsumme kann nicht kleiner als 180° sein.**   ☐ wahr   ☒ falsch

Felix sagt: „Es gibt ein Viereck, in dem alle Winkel 90° groß sind."
$4 \cdot 90° = 360°$ **Die Innenwinkelsumme beträgt 360°. (Quadrat; Rechteck)**   ☒ wahr   ☐ falsch

Elise sagt: „Es gibt ein Viereck, in dem je zwei Winkel gleich groß sind."
z.B. **Quadrat; Rechteck; Raute (Rhombus); Parallelogramm**   ☒ wahr   ☐ falsch

Chiram sagt: „Es gibt ein Dreieck mit zwei stumpfen Winkeln."
Die Innenwinkelsumme kann nicht größer als 180° sein.   ☐ wahr   ☒ falsch

7 Beschreibe, wie die Innenwinkelsumme relativ schnell bestimmt werden kann, und gib diese an. Hinweis: Zeichne Linien ein.

z.B. Das 10-Eck wird in 4 Vierecke zerlegt. $4 \cdot 360° = 1440°$

Das 10-Eck wird in 8 Dreiecke zerlegt. $8 \cdot 180° = 1440°$

Die Innenwinkelsumme beträgt 1440°.

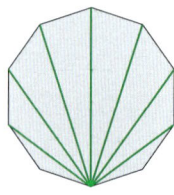

Wo stehe ich?

😊 Die Aufgabe kann ich sicher lösen.

😐 Die Aufgabe kann ich mit Nachschauen lösen.

😟 Ich kann die Aufgabe nicht lösen. Hier brauche ich Hilfe.

Ich kann …	😊	😐	😟	Hier kannst du üben.
… den Kongruenzsatz sss anwenden.				S. 40/41
… den Kongruenzsatz sws anwenden. … den Kongruenzsatz SsW anwenden. … den Kongruenzsatz wsw anwenden. (Testaufgabe 1)				S. 42/43
… Probleme mit Dreieckskonstruktionen lösen. (Testaufgabe 3)				S. 41 S. 43
… Mittelsenkrechten und Winkelhalbierende konstruieren. (Testaufgabe 3)				S. 44/45
… Umkreis und Inkreis im Dreieck konstruieren. (Testaufgabe 2 a))				S. 46/47
… Seitenhalbierende und Höhen im Dreieck konstruieren. (Testaufgabe 2 b))				S. 48/49
… den Satz des Thales und seine Umkehrung anwenden. (Testaufgabe 1)				S. 50/51

Teste dich

1 Konstruiere ein Dreieck ABC mit

$c = 8\,cm$;

$b = 4\,cm$ und

$\gamma = 90°$.

Beschrifte.

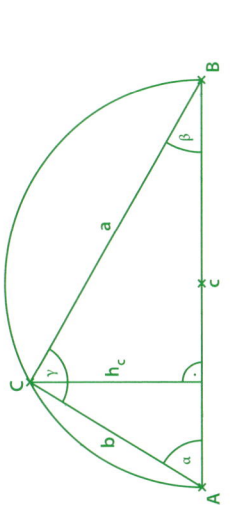

2 Zeichne das Dreieck ABC mit den Eckpunkten A(3|2), B(12|5) und C(6|10) in das Koordinatensystem ein.

a) Bestimme die Koordinaten der Mittelpunkte von Umkreis M und Inkreis W.

b) Gib die Schnittpunkte der Höhen und der Seitenhalbierenden an.

H(7,1|6,9)   S(7|5,7)

3 Die Häuser von Familie Gemütlich und Familie Bequemlich stehen 800 m von der Kreuzung an der Dorfkirche entfernt. Frau Gemütlich ruft Frau Bequemlich an und sagt, dass sie sich noch einmal treffen müssen.
Natürlich wollen beide gleich weit gehen, aber jede maximal 300 m.
Ermittle in einer Zeichnung im Maßstab 1 : 100 alle möglichen Treffpunkte.

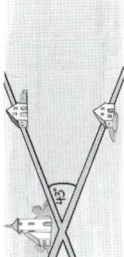

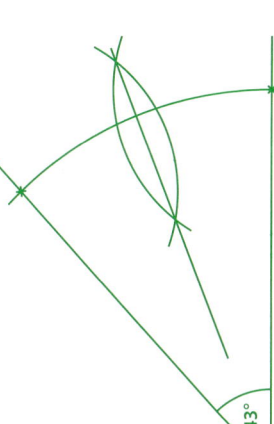

Dreieckskonstruktionen – Kongruenzsätze sss und sws

- Ein Dreieck ist eindeutig konstruierbar, wenn alle drei Seitenlängen gegeben sind (sss).

Beispiel (sss): Konstruiere das Dreieck ABC mit a = 2 cm; b = 2,5 cm und c = 3 cm.

1. Zeichne c = 3 cm mit den Punkten A und B.

2. Zeichne um A einen Kreisbogen mit dem Radius b = 2,5 cm.

3. Zeichne um B einen Kreisbogen (a = 2 cm).

4. Benenne den Schnittpunkt der Bögen mit C. Verbinde.

- Ein Dreieck ist eindeutig konstruierbar, wenn zwei Seitenlängen und die Größe des eingeschlossenen Winkels gegeben sind (sws).

Beispiel (sws): Konstruiere das Dreieck ABC mit b = 2,5 cm; c = 3 cm und α = 30°.

1. Zeichne c = 3 cm mit den Punkten A und B.

2. Zeichne in A an c den Winkel α = 30° an.

3. Trage an dem freien Schenkel b = 2,5 cm ab.

4. Benenne C und verbinde C mit A.

Auftrag: Ergänze den fehlenden Schritt in der Zeichnung.

Basisaufgaben

1 Ergänze zu einem Dreieck ABC mit den gegebenen Größen (sss). Beschrifte.
Hinweis: Fertige zuerst eine Planfigur auf einem zusätzlichen Blatt an.

a) a = 7 cm; b = 5 cm und c = 6 cm

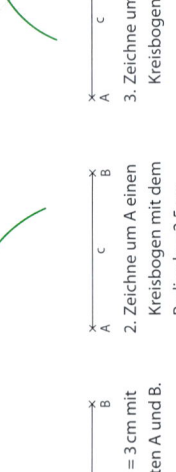

a = 7 cm
b = 5 cm
c = 6 cm

b) a = 4,5 cm; b = 5 cm und c = 6,7 cm   *individuelle Lösung*

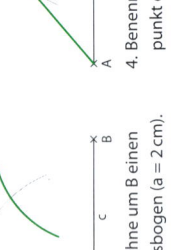

a = 4,5 cm
b = 5,0 cm
c = 6,7 cm

2 Zeichne an jede Seite des blauen Dreiecks ein gleichseitiges Dreieck mit der gleichen Seitenlänge.
Zusatzaufgabe: An das entstandene Dreieck werden an den Seiten erneut gleichseitige Dreiecke gezeichnet. Bestimme, wie oft das blaue Dreieck in die Figur passt.

16-mal

---

3 Konstruktion von Dreiecken nach sws

① b = 5 cm; c = 6 cm und α = 90°

50°
a = 7,8 cm
b = 5 cm
90°
c = 6 cm

② a = 6,5 cm; b = 4,6 cm und γ = 58°

58°
a = 6,5 cm
b = 4,6 cm
44°
78°
c = 5,6 cm

a) Ergänze zu einem Dreieck ABC mit den gegebenen Größen. Beschrifte.
Fertige zuerst eine Planfigur auf einem zusätzlichen Blatt an.

b) Gib in der Zeichnung alle drei Seitenlängen und Winkelgrößen an.

c) Gib die drei Angaben an, mit denen die Konstruktion von Dreieck ② nach sws eindeutig ausführbar ist.
Es gibt zwei weitere Möglichkeiten.   *individuelle Lösung*

a = 6,5 cm; c = 5 cm und β = 52°   b = 4,6 cm; c = 5 cm und α = 70°

Weiterführende Aufgaben

4 Gegeben ist eine Planfigur zur Bestimmung der Breite eines Sees.
Vom Standpunkt A aus sind es 35 m bis zum östlichen Ende und 40 m bis zum westlichen Ende des Sees. Die Gehrichtungen öffnen sich in einem Winkel von 95°.

a) Vervollständige die Planfigur.

b) Fertige eine Zeichnung im Maßstab 1 : 500 an.

c) Bestimme die Breite des Sees.

Planfigur:

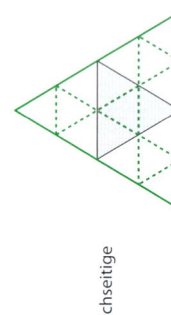

35 m
40 m
95°
A

Maßstab 1 : 500
1 cm ≙ 500 cm = 5 m
in der Zeichnung   in der Wirklichkeit

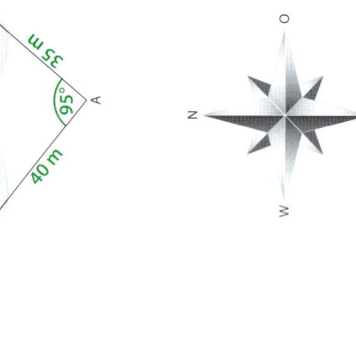

35 m
55 m
40 m
95°

N
W   O
S

Dreieckskonstruktionen – Kongruenzsätze wsw und SsW

- Ein Dreieck ist eindeutig konstruierbar, wenn eine Seitenlänge und die Größen der beiden anliegenden Winkel gegeben sind (wsw).

Beispiel (wsw): Konstruiere das Dreieck ABC mit c = 3 cm; α = 20° und β = 50°.

1. Zeichne c = 3 cm mit den Punkten A und B.

2. Zeichne in A an c den Winkel α = 20° an.

3. Zeichne in B an c den Winkel β = 50° an.

4. Benenne den Schnittpunkt der Schenkel mit C.

- Ein Dreieck ist eindeutig konstruierbar, wenn zwei Seitenlängen und der Winkel, der der längeren Seite gegenüberliegt, gegeben sind (SsW).

Beispiel (SsW): Konstruiere das Dreieck ABC mit a = 2 cm; c = 4 cm und γ = 110°.

1. Zeichne a = 2 cm mit den Punkten B und C.

2. Zeichne in C an a den Winkel γ = 110° an.

3. Zeichne um B einen Kreisbogen (c = 4 cm).

4. Benenne den Schnittpunkt mit A. Verbinde.

Auftrag: Ergänze den fehlenden Schritt in der Zeichnung.

Basisaufgaben

1 Konstruktion von Dreiecken nach wsw

① c = 5,5 cm; α = 90° und β = 45°

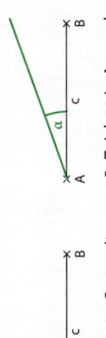

② a = 6,2 cm; β = 55° und γ = 61°

a) Ergänze zu einem Dreieck ABC mit den gegebenen Größen. Beschrifte es.
Hinweis: Fertige zuerst eine Planfigur auf einem zusätzlichen Blatt an.

b) Gib in der Zeichnung alle drei Seitenlängen und Winkelgrößen an.

c) Gib die drei Angaben an, mit denen die Konstruktion von Dreieck ② nach wsw eindeutig ausführbar ist.
Es gibt zwei weitere Möglichkeiten.

individuelle Lösung

$\underline{\gamma = 61°; \alpha = 64° \text{ und } \beta = 5,6 \text{ cm}}$

$\underline{\alpha = 64°; \beta = 55° \text{ und } c = 6 \text{ cm}}$

---

2 Ergänze zu einem Dreieck ABC mit den gegebenen Größen (SsW). Beschrifte.
Fertige zuerst eine Planfigur auf einem zusätzlichen Blatt an.

a) a = 6 cm; c = 7 cm und γ = 90°

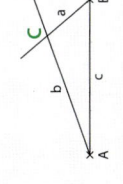

individuelle Lösung

b) a = 7,8 cm; b = 3 cm und α = 130°

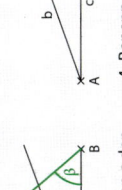

individuelle Lösung

3 Ergänze zuerst zu unterschiedlichen Dreiecken ABC mit a = 6,5 cm; c = 7 cm und α = 60°.
Gib danach die Größen so an, dass die Konstruktion von Dreieck ABC nach SsW eindeutig ausführbar ist.
Fertige zuerst eine Planfigur auf einem zusätzlichen Blatt an.

①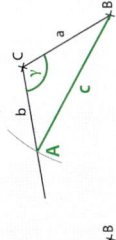

a = 6,5 cm; c = 7 cm und γ = 111° oder

b = 1,2 cm; c = 7 cm und γ = 111°

②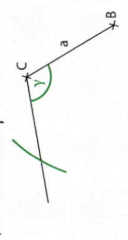

a = 6,5 cm; c = 7 cm und γ = 69° oder

b = 5,3 cm; c = 7 cm und γ = 69°

Weiterführende Aufgaben

4 Der Mammutbaum „General Sherman Tree" im Giant Forest des Sequoia-Nationalparks im US-Bundesstaat Kaliforniens ist einer der voluminösesten lebenden Bäume der Erde.
Steht man 100 m vom Baum entfernt, sieht man aus 2 m Höhe seine Spitze aus einem Winkel von 39°.

a) Veranschauliche mithilfe einer Skizze, wie man mit den Angaben die Höhe des Baumes näherungsweise ermittelt werden kann.

b) Ermittle auf einem zusätzlichen Blatt mithilfe einer maßstäblichen Zeichnung die Höhe des Mammutbaums.

Er ist ca. 83 m hoch.

Zusatzaufgabe: Ermittle, wie viel Mal höher der „General Sherman Tree" als ein Unterrichtsraum und der höchste Baum oder das höchste Haus in deiner Umgebung ist.

individuelle Lösung

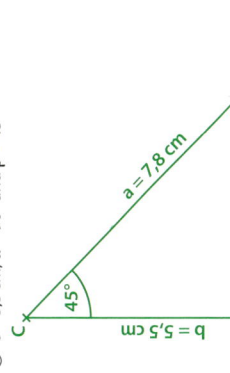

GENERAL SHERMAN

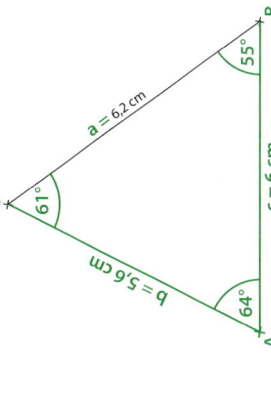

Mittelsenkrechte und Winkelhalbierende

Beispiele:

- Konstruktion der Mittelsenkrechten m einer Strecke $\overline{AB}$
  1. Zeichne je einen Kreis mit dem Radius r = $\overline{AB}$ um A und B.
     Die Kreise schneiden sich in zwei Punkten C und D.
  2. Die Gerade durch C und D ist die Mittelsenkrechte von $\overline{AB}$.

- Konstruktion der Winkelhalbierenden w_α eines Winkels α
  1. Zeichne einen Kreis mit beliebigem Radius um S.
     Die Schnittpunkte mit den Schenkeln des Winkels sind A und B.
  2. Zeichne Kreise mit gleichem Radius um A und B.
     Sie schneiden sich im Punkt F.
  3. Die Gerade SF ist die Winkelhalbierende von α.

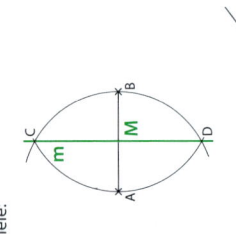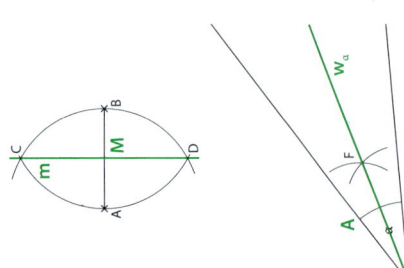

Auftrag: Ergänze in den Beispielen die Mittelsenkrechte und die Winkelhalbierende.

Basisaufgaben

1 Konstruiere die Mittelsenkrechte CD.

a)

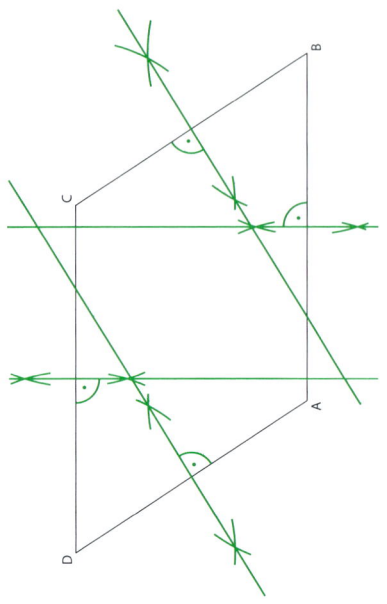

b)

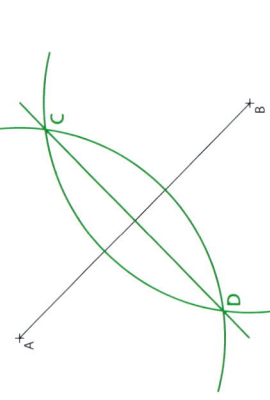

2 Konstruiere die Winkelhalbierende ohne Verwendung eines Winkelmessers (Geodreieck).

a) spitzer Winkel   **b)** stumpfer Winkel   **c)** überstumpfer Winkel

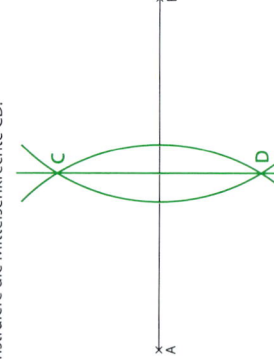

---

3 Konstruiere zu jeder Seite des Parallelogramms ABCD die Mittelsenkrechte.
Zusatzaufgabe: Färbe die Fläche zwischen den Mittelsenkrechten ein und nenne die Art dieser Fläche.

Parallelogramm

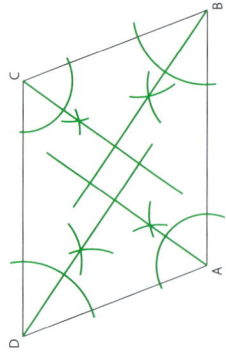

4 Konstruiere die Winkelhalbierenden der Innenwinkel.

a) gleichschenkliges Trapez   **b)** Parallelogramm

Weiterführende Aufgaben

5 Kreuze Zutreffendes an.

- Die Mittelsenkrechte einer Strecke verläuft durch den Mittelpunkt der Strecke und steht senkrecht auf ihr.   **x** wahr   ☐ falsch
- Auf der Mittelsenkrechten von $\overline{AB}$ liegen alle Punkte, die von A und B den gleichen Abstand haben.   **x** wahr   ☐ falsch
- Die Winkelhalbierende eines Winkels α teilt diesen in drei gleich große Teile.   ☐ wahr   **x** falsch
- Auf der Winkelhalbierenden liegen alle Punkte, die von den Schenkeln des Winkels den gleichen Abstand haben.   **x** wahr   ☐ falsch

6 Jana sagt: *„g ist die Mittelsenkrechte der Strecke $\overline{AB}$."*
Diego sagt: *„g ist die Winkelhalbierende von δ."*
Was meinst du dazu?

Diego hat Recht. Der gestreckte Winkel wird halbiert. Jedoch ist nicht sicher ob g auch die Strecke $\overline{AB}$ halbiert.

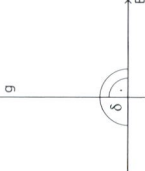

Umkreis und Inkreis beim Dreieck

- Der Umkreis eines Dreiecks ist der Kreis, auf dem alle Eckpunkte des Dreiecks liegen. Sein Mittelpunkt ist der Schnittpunkt der Mittelsenkrechten der Dreiecksseiten.

- Der Inkreis eines Dreiecks ist der Kreis, der alle Seiten des Dreiecks innen berührt. Sein Mittelpunkt ist der Schnittpunkt der Winkelhalbierenden der Innenwinkel des Dreiecks.

Beispiel:

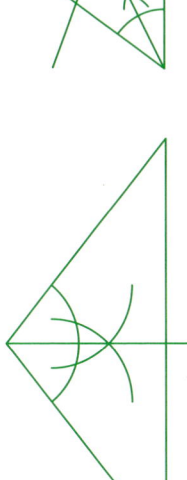

Auftrag: Ergänze in der Zeichnung die Mittelsenkrechten und die Winkelhalbierenden.

Basisaufgaben

1 Konstruiere die Mittelsenkrechten aller Seiten des Dreiecks. Zeichne anschließend den Umkreis.

Zusatzaufgabe: Untersuche, wie die Lage des Mittelpunktes des Umkreises von der Dreiecksart abhängt.

spitzwinkliges Dreieck   stumpfwinkliges Dreieck   rechtwinkliges Dreieck

Der Mittelpunkt des Umkreises liegt bei spitzwinkligen Dreiecken im Inneren der Dreiecke, bei stumpfwinkligen Dreiecken außerhalb der Dreiecke und bei rechtwinkligen Dreiecken auf der längsten Seite.

2 Konstruiere die Winkelhalbierenden der Winkel des Dreiecks. Zeichne anschließend den Inkreis.

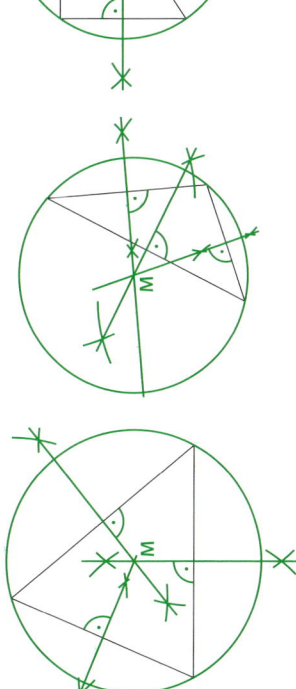

spitzwinkliges Dreieck   stumpfwinkliges Dreieck   rechtwinkliges Dreieck

---

3 Dreiecke

a) Mia sagt: „Ich habe zwei Dreiecke gezeichnet. In einem halbiert eine Winkelhalbierende die gegenüberliegende Seite und im anderen Dreieck nicht."
Kann das stimmen? Wenn ja, zeichne entsprechende Dreiecke.

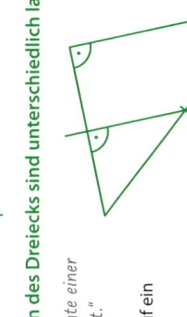
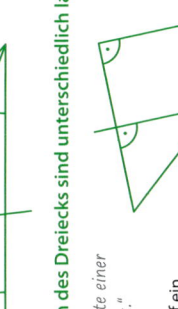

Zwei Seiten des Dreiecks sind gleich lang.   Alle Seiten des Dreiecks sind unterschiedlich lang.

b) Ben sagt: „Ich habe ein Dreieck gezeichnet, in dem die Mittelsenkrechte einer Seite durch den Mittelpunkt einer anderen Seite des Dreiecks verläuft."
Um was für ein Dreieck handelt es sich? Kreuze an.
Hinweis: Zeichne unterschiedliche Dreiecke mit Mittelsenkrechten auf ein zusätzliches Blatt.

☐ Ben zeichnete ein Dreieck mit drei spitzen Winkeln.
☒ Ben zeichnete ein Dreieck mit einem rechten Winkel.
☐ Ben zeichnete ein Dreieck mit einem stumpfen Winkel.

Weiterführende Aufgaben

4 Kreuze Zutreffendes an.

- Der Mittelpunkt des Inkreises und der Mittelpunkt des Umkreises können direkt aufeinander liegen.   ☒ wahr ☐ falsch
- Der Schnittpunkt der Winkelhalbierenden eines Dreiecks liegt immer innerhalb des Dreiecks.   ☒ wahr ☐ falsch

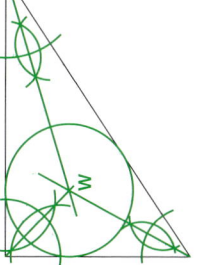

- Der Schnittpunkt der Mittelsenkrechten eines Dreiecks liegt immer außerhalb des Dreiecks.   ☐ wahr ☒ falsch

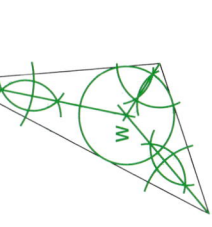

5 Ein Rettungshubschrauber soll so stationiert werden, dass er die drei eingezeichneten Orte gleich schnell erreichen kann. Schlage einen Standort vor und begründe deine Entscheidung.

Die drei Orte bilden ein Dreieck. Der Rettungshubschrauber sollte im Schnittpunkt der Mittelsenkrechten des Dreiecks stationiert werden. Dieser Schnittpunkt liegt im Bereich C 3.

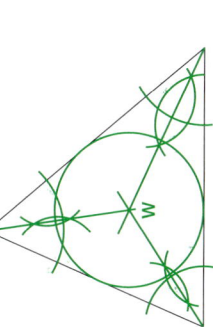

6 Parallelogramm

a) Zeichne die Winkelhalbierende jedes Winkels des Parallelogramms ein.

b) Beurteile, ob man auch im Parallelogramm mithilfe der Winkelhalbierenden einen Inkreis zeichnen kann.

Nein, da die Winkelhalbierenden ein Rechteck bilden.

Höhe und Seitenhalbierende im Dreieck

- In einem Dreieck nennt man das Lot von einem Eckpunkt auf die gegenüberliegende Seite (Grundseite) die Höhe auf der Grundseite.
  Zu jeder Dreiecksseite a, b und c gibt es eine zugehörige Höhe h_a, h_b und h_c.

- Eine Seitenhalbierende verbindet den Mittelpunkt einer Dreiecksseite mit dem gegenüberliegenden Eckpunkt. Die drei Seitenhalbierenden s_a, s_b und s_c schneiden einander im Schwerpunkt des Dreiecks.

Auftrag: Ergänze in der Zeichnung die Höhen und den Schnittpunkt der Seitenhalbierenden.

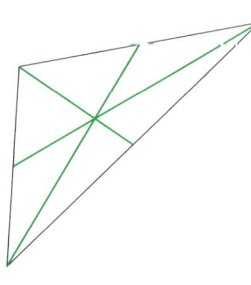

Basisaufgaben

1 Beschrifte das Dreieck und gib die Längen der Höhen an.

$h_a = \underline{4,8\ cm}$

$h_b = \underline{8,1\ cm}$

$h_c = \underline{4,9\ cm}$

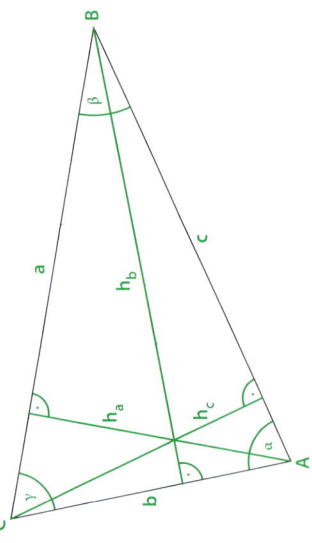

2 Zeichne die Höhe aller Dreiecksseiten in das Dreieck ein.
Hinweis: Die Höhe einer Seite kann auch außerhalb des Dreiecks liegen.

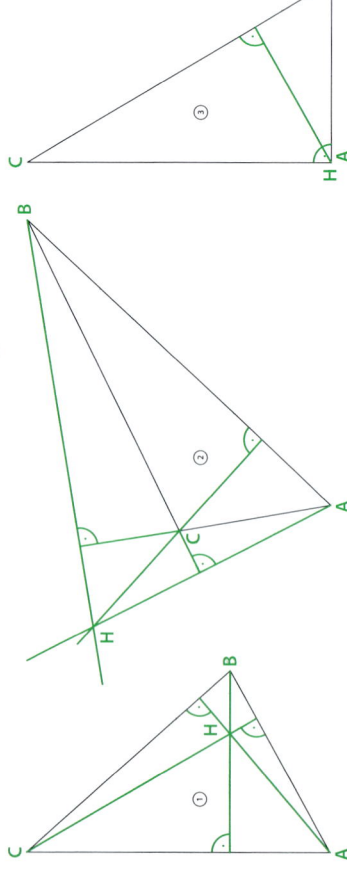

Zusatzaufgabe: Betrachte die eingezeichneten Höhen. Was fällt dir auf?

Alle Höhen schneiden sich in einem Punkt, dem Höhenschnittpunkt H.

Dieser kann innerhalb, außerhalb oder auf dem Dreieck selbst liegen.

---

3 Ermittle den Schwerpunkt des Dreiecks. Was fällt dir auf?

a) spitzwinkliges Dreieck   b) stumpfwinkliges Dreieck   c) rechtwinkliges Dreieck

  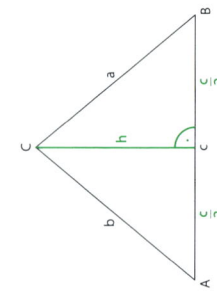

spitzer Winkel $0° < \alpha < 90°$
rechter Winkel $\alpha = 90°$
stumpfer Winkel $90° < \alpha < 180°$

Der Schwerpunkt liegt im Inneren des Dreiecks.

Weiterführende Aufgaben

4 Ein dreieckiges Waldstück wird durch die Punkte $A(1,5|1)$, $B(7|3)$ und $C(0|6,5)$ abgegrenzt. Es sollen neue Wanderwege geschaffen werden, um die Ruinen im Punkt $R(2,5|3,5)$ leichter zugänglich zu machen.

a) Zeichne das Waldstück ABC und die Ruinen R in das Koordinatensystem ein.

b) Der erste neue Wanderweg wird durch die Seitenhalbierende s_c beschrieben. Der zweite Wanderweg wird durch die Höhe h_a beschrieben. Zeichne die neuen Wanderwege ein.

c) Beurteile, ob die Ruinen durch die neuen Wanderwege leichter erreichbar sind.

Die Kreuzung der Wanderwege befindet sich

in der Nähe der Ruinen.

Sie sind jetzt leichter zu erreichen.

d) Es wird vorgeschlagen einen weiteren Wanderweg von B aus senkrecht auf die Strecke $\overline{AC}$ anzulegen. Zeichne den Wanderweg in das Koordinatensystem ein und beurteile ob er für die Erschließung des Waldstücks sinnvoll ist.

Der Wanderweg verläuft sehr dicht zur Strecke $\overline{AB}$ und ist deshalb nicht sinnvoll.

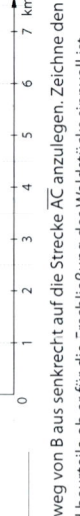

5 Gegeben ist ein Dreieck ABC.

a) Zeichne die Höhe und die Seitenhalbierende der Seite c ein.

b) Beschreibe unter welchen Bedingungen Höhe und Seitenhalbierende aufeinander liegen.

Die Höhe und Seitenhalbierende auf c sind gleich,

wenn das Dreieck gleichschenklig ist mit $a = b$.

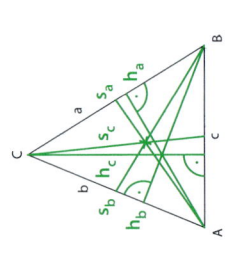

Satz des Thales

- Der Thaleskreis über einer Strecke $\overline{AB}$ ist der Kreis mit dem Durchmesser $\overline{AB}$.
- Satz des Thales:
Wenn in einem Dreieck ABC der Punkt C auf dem Thaleskreis über $\overline{AB}$ liegt, dann hat das Dreieck bei C einen rechten Winkel.

Thaleskreis

Auftrag: Zeichne im Beispiel den Thaleskreis über $\overline{AB}$ ein.

Basisaufgaben

1 Zeichne drei rechtwinklige Dreiecke in den Halbkreis ein.
Markiere die rechten Winkel.
individuelle Lösung   z. B.:

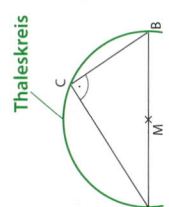

2 Überprüfe nur mit einem Zirkel, ob das Dreieck rechtwinklig ist. Markiere gegebenenfalls den rechten Winkel.
Hinweis: Winkelmesser, Geodreieck und andere Hilfsmittel zum Messen rechter Winkel sind nicht zu verwenden.

a)

b)

c)

d)

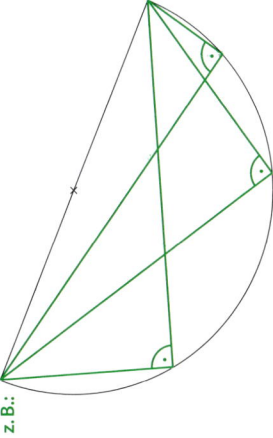

Zusatzaufgabe: Nenne die Art des Dreiecks der Teilaufgaben **b** und **d**.
b spitzwinklig, da eine Ecke außerhalb des Thaleskreises liegt
d stumpfwinklig da eine Ecke innerhalb des Thaleskreises liegt

---

3 Die längste Seite eines rechtwinkligen Dreiecks ist 5 cm lang.
Die kürzeste Seite ist 3 cm lang.
Ermittle mithilfe einer Zeichnung die fehlende Seitenlänge.
4 cm

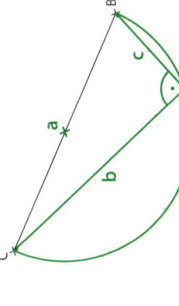

4 Zeichne mithilfe der Angaben ein rechtwinkliges Dreieck ABC.
a) b = 5 cm; c = 3,5 cm und β = 90°
b) a = 5 cm; c = 2 cm und α = 90°

Weiterführende Aufgaben

5 Berechne alle fehlenden Winkelgrößen. Nutze dabei keine Hilfsmittel zum Messen.

a)

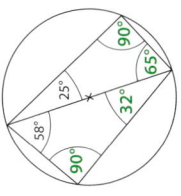

b)

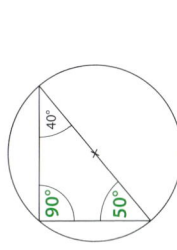

Winkelsumme im Dreieck: 180°
Winkelsumme im Viereck: 360°

6 Karim lässt seinen Drachen steigen.
Der Wind weht stark, sodass der Drachen in einem Winkel von 54° in der Luft ist.
Die 8 m lange Drachenschnur ist vollständig ausgefahren.
Löse mit dem Satz des Thales.
a) Bestimme die Flughöhe des Drachens
(Maßstab 1:100).
Der Drache fliegt 6,5 m hoch.
b) Der Wind lässt nach. Der Winkel der Drachenschnur zum Boden halbiert sich. Ergänze die Zeichnung und ermittle die Flughöhe des Drachens.
Der Drache fliegt 3,6 m hoch.
c) Da der Wind schwächer wird, fährt Karim die Drachenschnur um 2 m ein.
Ergänze die Zeichnung und ermittle die Flughöhe des Drachens.
Der Drache fliegt 2,7 m hoch.

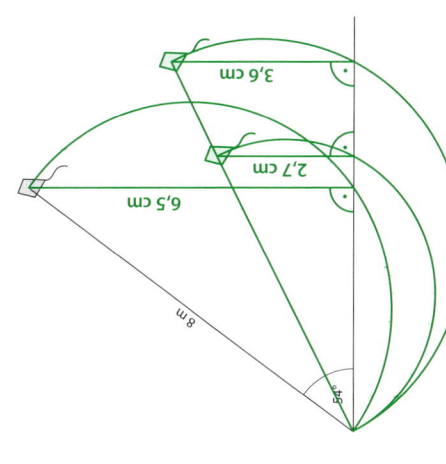

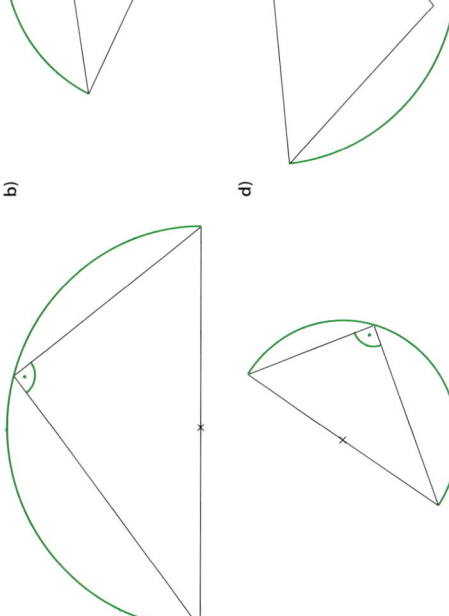

Teste dich

1 Kanten eines Quaders

a) Gib die Summe der Längen aller Kanten mit einem Term an.

$4a + 4b + 4c = 4 \cdot (a + b + c)$

b) Berechne die Summe der Längen aller Kanten für
a = 5 cm, b = 3 cm und c = 2 cm.

$4 \cdot 5\,\text{cm} + 4 \cdot 3\,\text{cm} + 4 \cdot 2\,\text{cm} = 40\,\text{cm}$

2 Berechne die Termwerte.

	$3 \cdot x$	$36 : x$	$2x + 5$
Wert des Terms für $x = \frac{1}{2}$	$\frac{3}{2} = 1\frac{1}{2} = 1,5$	72	6
Wert des Terms für $x = 1,2$	3,6	30	7,4
Wert des Terms für $x = 2$	6	18	9
Wert des Terms für $x = -3$	-9	-12	-1

3 Kreuze jede richtige Lösung an.

Hinweis: Bei zwei Aufgaben gibt es mehrere Lösungen.

a) $5x - 7 = 13$ · ☐ 1 · ☐ 2 · ☐ 3 · ☒ 4 · ☐ 5

b) $3x - 15 = 2x + 5$ · ☐ 10 · ☒ 20 · ☐ 30 · ☐ 40 · ☐ 50

c) $48 = x \cdot x + 47$ · ☐ -2 · ☒ -1 · ☐ 0 · ☒ 1 · ☐ 2

d) $-12 + x - 3 = x - 15$ · ☒ 1 · ☒ 5 · ☒ 7 · ☒ 100 · ☒ 0,5

4 Gib passende Äquivalenzumformungen an. Markiere gegebenenfalls Fehler und gib die Lösung an.

a) $9y = 5 - 3y + 7$ | $+ 3y$

$12y = 12$ | $: 12$

$y = 1$ Lösung: 1

b) $5x + 7 - 3x = 15$ | -7

$2x = 15$ | $: 2$

$x = 7,5$ **f** Lösung: 7,5

zu b) $5x + 7 - 3x = 15$ | -7

$2x = 8$ | $: 2$

$x = 4$

Lösung: 4

5 Stelle eine passende Gleichung auf und gib deren Lösungen an.

a) Mia sagt: „Wird 45 zu einer Zahl addiert, so ist das Ergebnis 61."

Gleichung: $x + 45 = 61$ Lösung: 16

b) Ben sagt: „Wird 27 von einer Zahl subtrahiert, so ist das Ergebnis 41."

Gleichung: $x - 27 = 41$ Lösung: 68

c) Maria sagt: „Wird zum Doppelten einer Zahl 38 addiert, so ist das Ergebnis 52."

Gleichung: $2x + 38 = 52$ Lösung: 7

6 Gina macht eine Wandertour. In den ersten zwei Nächten hat sie in Hotels übernachtet und dafür insgesamt 64 € ausgegeben. Für die kommenden Nächte plant sie, in Herbergen für nur 16 € pro Nacht zu schlafen. Berechne, mithilfe einer Ungleichung, die Anzahl der möglichen weiteren Übernachtungen bei einem Budget von 120 €.

Ungleichung: $64\,€ + x \cdot 16\,€ \leq 120\,€$ x gibt die Anzahl der Übernachtungen an.

$x \leq 3,5$ Gina kann sich noch drei weitere Übernachtungen leisten.

Wo stehe ich?

🙂 Die Aufgabe kann ich sicher lösen.

😐 Die Aufgabe kann ich mit Nachschauen lösen.

☹ Ich kann die Aufgabe nicht lösen. Hier brauche ich Hilfe.

Ich kann...	🙂	😐	☹	Hier kannst du üben.
... Terme mit einer Variablen aufstellen. ... den Wert eines Terms berechnen. (Testaufgaben 1 und 2)				S. 54/55 S. 56/57
... Gleichungen durch Probieren und durch Rückwärtsrechnen lösen. (Testaufgaben 3)				S. 58/59
... Gleichungen durch Äquivalenzumformungen lösen. (Testaufgabe 4)				S. 60/61
... Gleichungen mit leerer Lösungsmenge und mit unendlich vielen Lösungen lösen (Testaufgabe 3)				S. 58/59 S. 61
... Sachprobleme durch Modellieren mit Gleichungen und Ungleichungen lösen. (Testaufgaben 5 und 6)				S. 62/63
... Ungleichungen lösen. (Testaufgabe 6)				S. 64/65

Variablen und Terme

- Variablen sind Symbole, die für Zahlen oder Größen stehen. Häufig verwendet man Kleinbuchstaben als Variablen.
- Terme sind Rechenausdrücke, die Zahlen, Variablen, Klammern und Rechenoperatoren enthalten können.

Beispiele:

$5 \cdot x$ $\qquad$ $12x - 4y - 4$ $\qquad$ $(x \cdot y)^2 - 2$ $\qquad$ (2) $\qquad$ $a + b + c - d + 45$ $\qquad$ $4m - 4dm$

- Wenn man für die Variablen eines Terms Zahlen oder Größen einsetzt, dann lässt sich der Wert des Terms berechnen.
Beispiel: Wird in $a : 2 + 5b$ für $a = 9$ und für $b = 2$ eingesetzt, so ist der Wert des Terms __14,5__ ,
denn __9__ $: 2 + 5 \cdot$ __2__ $=$ __14,5.__

Auftrag: Berechne den Wert des Terms.

Basisaufgaben

1 Sinnvolle Ausdrücke
a) Gib mithilfe der Karten sechs Terme an.

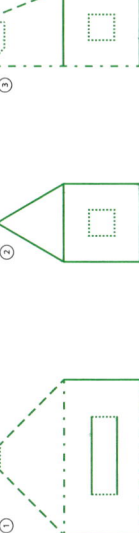

Karten: $1\frac{2}{3}$ | 7 | $+$ | $)$ | -4 | $($ | $-$ | -1 | $-0{,}25$ | 3 | $\cdot$ | b | $:$ | a

z.B. $7; \; 0{,}36; \; -0{,}25b; \; (7 + 3b) \cdot (-1); \; -1 + 7 - 3; \; -0{,}25 : 7$

b) Bilde aus den Karten einen Term mit dem Wert 0.

z.B. $\frac{1}{3}b \cdot (-0{,}25 - (-0{,}25))$

Zusatzaufgabe:
Bilde einen Term in dem jede Karte mindestens ein Mal verwendet wird.

__individuelle Lösung__

2 Ergänze den fehlenden Term bzw. Satz.
a) Verdreifache a. → $3a$
b) __Die Summe aus b und −7.__ → $b + (-7)$
c) Ein Viertel von c. → $c : 4$
d) __Das Fünffache von d zu 8 addiert.__ → $5d + 8$
e) Das Produkt zweier aufeinander folgender natürlicher Zahlen. → $e \cdot (e + 1)$

Eine Summe ist das Ergebnis einer Addition.
Ein Produkt ist das Ergebnis einer Multiplikation.

3 Berechne die Werte.

	$2n - 1$	$-\frac{3}{2}n + 5$	$n \cdot n - 4n + 1$	$\frac{1}{2n}$
Wert des Terms für $n = 2$	3	2	−3	0,25
Wert des Terms für $n = -5$	−11	$12\frac{1}{2}$	46	−0,1
Wert des Terms für $n = 0{,}02$	−0,96	4,97	0,9204	25
Wert des Terms für $n = \frac{1}{3}$	$-\frac{1}{3}$	$4\frac{1}{2}$	$-\frac{2}{9}$	$1\frac{1}{2}$
Wert des Terms für $n = 0$	−1	5	1	nicht definiert

---

4 Die Figuren wurden aus gleich langen Stäben gelegt und verkleinert.

a) Markiere gleich lange Stäbe mit der gleichen Farbe.
b) Die Gesamtlänge der Stäbe einer Figur ist gesucht. Schreibe hinter jeden Term die Nummer der passenden Figur.
Hinweis: Es muss nicht gemessen werden.

Terme mit Variablen

$6b + 4d$ ②
$2a + 9b + 6d$ ④
$b + b + b + b + b + b + d + d + d$ ②
$a + b + b + b + c + 4d + 3d$ ③
$a + b + a + c + b + c + b + d + d + d$ ①
$1a + 3b + 1c + 7d$ ③
$2a + 4b + 2c + 3d$ ②

Terme mit eingesetzten Längen

$2 \cdot 30\,cm + 9 \cdot 15\,cm + 6 \cdot 5\,cm$ ④
$1 \cdot 30\,cm + 3 \cdot 15\,cm + 1 \cdot 17{,}5\,cm + 7 \cdot 5\,cm$ ③
$15\,cm + 15\,cm + 15\,cm + 15\,cm + 15\,cm + 15\,cm + 5\,cm + 5\,cm + 5\,cm + 5\,cm$ ②
$6 \cdot 15\,cm + 4 \cdot 5\,cm$ ②
$2 \cdot 30\,cm + 4 \cdot 15\,cm + 2 \cdot 17{,}5\,cm + 3 \cdot 5\,cm$ ①

$170\,cm$ ① $\qquad$ $225\,cm$ ④ $\qquad$ $110\,cm$ ② $\qquad$ $127{,}5\,cm$ ③

Weiterführende Aufgaben

5 Streichholzmuster

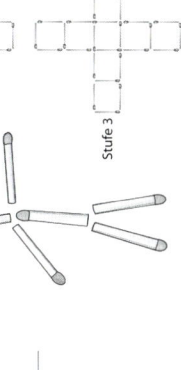

Stufe 1 · Stufe 2 · Stufe 3

a) Bestimme die Anzahl der Streichhölzer für Stufe 5.
__Stufe 5: $4 + 4 \cdot (4 \cdot 3) = 52$ Streichhölzer__

b) Gib an, für wie viele Stufen 100 Streichhölzer reichen.
__Stufe 9: $4 + 8 \cdot (4 \cdot 3) = 100$ Streichhölzer__

c) Einer der Terme ist zur Berechnung der Gesamtzahl der benötigten Hölzer von Stufe 1 bis n geeignet. Kreuze diesen an.
☐ $(3 \cdot n)^2$ $\quad$ ☐ n^2 $\quad$ ☒ $12n - 8$ $\quad$ ☐ $3 + n^2$

6 Das Eckstück einer Treppe soll mit Fliesen versehen werden. Vervollständige die Tabelle.

Nummer der Stufe (n)	Gesamtzahl aller Fliesen bis zu dieser Stufe	Anzahl der Fliesen dieser Stufe	Anzahl der Fliesen der nächsten Stufe
1	1	1	$3\,(= 2 \cdot 1 + 1)$
2	4	$3\,(= 2 \cdot 1 + 1)$	$5\,(= 2 \cdot 2 + 1)$
3	9	$5\,(= 2 \cdot 2 + 1)$	$7\,(= 2 \cdot 3 + 1)$
10	100	$19\,(= 2 \cdot 9 + 1)$	$21\,(= 2 \cdot 10 + 1)$
n	$n \cdot n$ oder n^2	$2 \cdot (n - 1) + 1$	$2 \cdot n + 1$

Terme vereinfachen

- Zwei Terme heißen **äquivalent** (gleichwertig), wenn gilt:
Setzt man für die Variablen in beiden Termen die gleichen Zahlen ein, so haben beide Terme den gleichen Wert.

- Man kann mit Termen rechnen wie mit rationalen Zahlen.
Für solche Rechnungen (Termumformungen) gelten die gleichen Rechengesetze: Assoziativgesetz, Kommutativgesetz, Distributivgesetz.

Beispiele: $3a + a \neq 5a$, da z.B. $3 \cdot 2 + 2$ 2 $\neq 5 \cdot$ 2

$7d + 5d - 4d + 2 = 8d + 2$

$4 \cdot (x - 3) = 4x - 12$

Auftrag: Vervollständige die Beispiele.

Basisaufgaben

1 Fasse so weit wie möglich zusammen.

a) $2x + 10x = 12x$

b) $21a - 16a = 5a$

c) $-8b + 3b = -5b$

d) $-1,5y + 2y = 0,5y$

e) $-3v + 12v - 9v = 0$

f) $-x - 2x - 3x = -6x$

g) $1,45r - 0,95r = 0,5r$

h) $-2,2p - 2,22p = -4,42p$

i) $-\frac{3}{4}z + \frac{1}{2}z - \frac{1}{4}z = -\frac{1}{2}z$

2 Fasse so weit wie möglich zusammen.
Hinweis: Es gibt Terme, die nicht weiter zusammengefasst werden können.

a) $18a + 5a - 2a + a - 7a = 15a$

b) $17x - 3x + 18 - x + 5 = 13x + 23$

c) $11b - 8b - 3 + b - 1 = 4b - 4$

d) $27m - 2m + 13 - 4m + 15 = 21m + 28$

e) $1,43x + 2,48x = 3,91x$

f) $12 - 2b + 96 - 8b = -10b + 108$

g) $5 + y - 15 = y - 10$

h) $3o + 14o - 16 = 17o - 16$

i) $\frac{1}{2} + \frac{1}{4}x - \frac{1}{4} = \frac{1}{4} + \frac{1}{4}x$

j) $6,2x + 8,1 + 1,3x = 7,5x + 8,1$

k) $\frac{2}{3}c + \frac{4}{3} - \frac{1}{3}c - 1 = \frac{1}{3}c + \frac{1}{3}$

l) $2,8r - 5,1r + 7,1 - 4,7r = -7r + 7,1$

m) $\frac{3}{4}d - d - \frac{1}{4}d + 2d = \frac{5}{4}d = 1\frac{1}{4}d$

n) $x - 0,1x - 0,01x - 0,001x = 0,889x$

3 Ergänze die fehlenden Terme in der Additionsmauer.

a)

	9,5a		
	5,5a	4a	
3a		2,5a	1,5a
a	2a		0,5a	a

b)

		5x + 7	
	4x + 1		x + 6
3x		x + 1	
2x		x		1		4

4 Fasse den Term so weit wie möglich zusammen.

a) $2 \cdot (x + 4) = 2x + 8$

b) $-4 \cdot (8 + a) = -32 - 4a$

c) $0,5 \cdot (12b - 2) = 6b - 1$

d) $(7s - 3s) \cdot 3 = 12s$

e) $(-3y - 2) \cdot (-5) = 15y + 10$

f) $\frac{1}{4} \cdot (-28m + 96) = -7m + 24$

g) $0,5 \cdot (4x - 8) = 2x - 4$

h) $(0,8 + 0,7n) \cdot 3 = 2,4 + 2,1n$

i) $(-\frac{2}{4}z + \frac{1}{2}z) \cdot 0,67 = 0$

---

5 a) Gib einen Term zur Berechnung des Umfangs und des Flächeninhalts der Figur an.

b) Fass den Term des Umfangs möglichst weit zusammen.
Zusatzaufgabe: Miss benötigte Streckenlängen und berechne den Umfang.

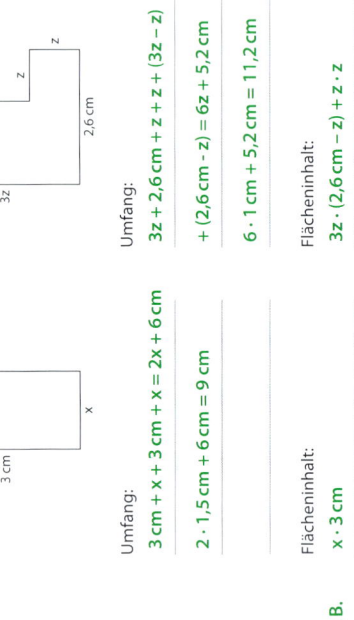 ①

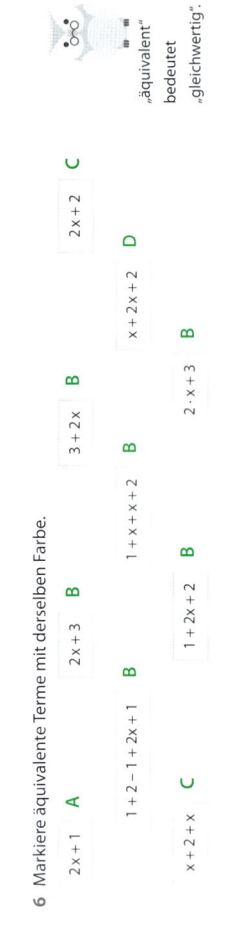 ②

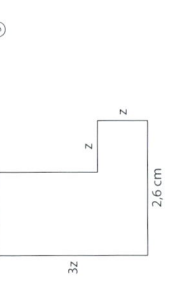 ③

Umfang:

$3\,cm + x + 3\,cm + x = 2x + 6\,cm$

$2 \cdot 1,5\,cm + 6\,cm = 9\,cm$

Flächeninhalt:

$x \cdot 3\,cm$

Umfang:

$3z + 2,6\,cm + z + z + (3z - z)$

$+ (2,6\,cm - z) = 6z + 5,2\,cm$

$6 \cdot 1\,cm + 5,2\,cm = 11,2\,cm$

Flächeninhalt:

$3z \cdot (2,6\,cm - z) + z \cdot z$

Umfang:

$\frac{s}{2} + \frac{s}{2} + \frac{s}{2} + \frac{s}{2} + s + s = 4s$

$4 \cdot 2,6\,cm = 10,4\,cm$

Flächeninhalt:

$\frac{s}{2} \cdot \frac{s}{2} + s \cdot \frac{s}{2}$

z.B.

6 Markiere äquivalente Terme mit derselben Farbe.

$2x + 1$ A	$2x + 3$ B	$3 + 2x$ B	$2x + 2$ C

$1 + 2 - 1 + 2x + 1$ B	$1 + x + x + 2$ B	$x + 2x + 2$ D

$x + 2 + x$ C	$1 + 2x + 2$ B	$2 \cdot x + 3$ B

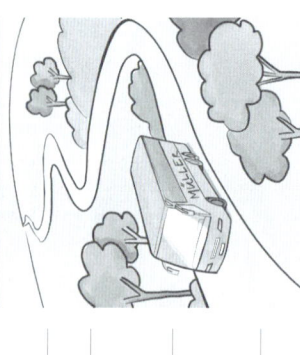

„äquivalent"

bedeutet

„gleichwertig".

Weiterführende Aufgaben

7 Die Klassenfahrt der 7c wird geplant. Die Busfahrt kostet pro Person, pro Strecke 8,10 €. Für die Unterkunft werden 800,00 € Grundgebühr für die Organisation bzw. Reinigung und 60,00 € pro Schüler für 5 Übernachtungen inkl. Halbpension berechnet.

a) Stelle einen Term auf, mit dem man die Kosten der Klassenfahrt berechnen kann. Gib die Bedeutung der Variablen an.

$8,10\,€ \cdot 2 \cdot x + 800,00\,€ + 60 \cdot x$

x steht für die Anzahl der Schüler.

b) Zwei Schüler sind krank. Passe die Formel aus Teilaufgabe **a** an.

$8,10\,€ \cdot 2 \,(x - 2) + 800,00\,€ + 60 \cdot (x - 2)$

c) Berechne die Kosten bei 24 Schülern und Hin- und Rückfahrt mit Bus.

$(8,10\,€ \cdot 24) \cdot 2 + 800,00\,€ + 60,00\,€ \cdot 24$

$= 2628,80\,€$

Gleichungen

- Eine Gleichung besteht aus zwei Termen, die durch ein Gleichheitszeichen verbunden sind.
- Eine Lösung der Gleichung ist jede Zahl, die beim Einsetzen eine wahre Aussage ergibt.
- Oft kann man Gleichungen nicht nur durch Probieren, sondern auch durch Rückwärtsrechnen lösen. Dazu verwendet man die Umkehroperation.
- Die Lösungen einer Gleichung kann man als Lösungsmenge mit geschweiften Klammern angeben.

Auftrag: Ergänze die Beispiele.

Beispiele:

$2 \cdot x + 1 = 7$ Lösung: **3**

$y \cdot y + 1 = 5$ Lösungen: **−2; 2**

$x + 4 = 11$ $x = 11 - 4 \;\; = 7$ Lösung: **7**
$x = 7$

Basisaufgaben

1 Prüfe durch Einsetzen ob die Zahlen eine Lösung der Gleichung sind.
Gib an, ob eine wahre bzw. falsch Aussage entsteht.

	$10 \cdot x - 7 = 43$	$x + 30 = 50 - 9$	$\frac{1}{2} + x = 2x - 0,5$
x = 11	$10 \cdot 11 - 7 = 43$ $103 = 43$ **falsche Aussage**	$11 + 30 = 50 - 9$ $41 = 41$ **wahre Aussage**	$\frac{1}{2} + 11 = 2 \cdot 11 - 0,5$ $11,5 = 21,5$ **falsche Aussage**
x = 7	$10 \cdot 7 - 7 = 43$ $63 = 43$ **falsche Aussage**	$7 + 30 = 50 - 9$ $37 = 41$ **falsche Aussage**	$\frac{1}{2} + 7 = 2 \cdot 7 - 0,5$ $7,5 = 13,5$ **falsche Aussage**
x = 5	$10 \cdot 5 - 7 = 43$ $43 = 43$ **wahre Aussage**	$5 + 30 = 50 - 9$ $35 = 41$ **falsche Aussage**	$\frac{1}{2} + 5 = 2 \cdot 5 - 0,5$ $5\frac{1}{2} = 9,5$ **falsche Aussage**
x = 1	$10 \cdot 1 - 7 = 43$ $3 = 43$ **falsche Aussage**	$1 + 30 = 50 - 9$ $31 = 41$ **falsche Aussage**	$\frac{1}{2} + 1 = 2 \cdot 1 - 0,5$ $1,5 = 1,5$ **wahre Aussage**
	$10 \cdot x - 7 = 43$ Lösung: **5**	$x + 30 = 50 - 9$ Lösung: **11**	$\frac{1}{2} + x = 2x - 0,5$ Lösung: **1**

2 Prüfe, welche ganze Zahl von −4 bis 4 Lösung der Gleichung ist.
Hinweis: Jede Lösung kommt genau ein Mal vor.

a) $14 \cdot a = 28$ a = **2**
b) $b \cdot 0,5 = 2$ b = **4**
c) $g + 2 = 2$ g = **0**
d) $3 + 2x = -5$ x = **−4**
e) $(y - 6) \cdot 3 = -21$ y = **−1**
f) $0,5z - 1,5z = -3$ z = **3**
g) $5x + 6 - 11 = 0$ x = **1**
h) $9 + 2k = k + 7$ k = **−2**
i) $(p + 4) \cdot 6 = 3 \cdot (5 + p)$ p = **−3**

3 Ist die angegebene Lösung richtig? Kreuze an.

a) $7a - 2 = 6a + 3$ Lösung: 5   [x] richtig [ ] falsch
b) $0,5b + 7b = 8,5 - 1b$ Lösung: 2   [ ] richtig [x] falsch
c) $4,5 \cdot 0,5c = 9$ Lösung: 1   [x] richtig [ ] falsch

Setze in der Gleichung für x die Lösung ein, um sie zu überprüfen.

---

4 Binde die Luftballons mit Lösungen an die richtige Tasche.
Hinweis: Eine Tasche hat keine passende Lösung.

Luftballons: −3, 2, −7, −4, 7, −6, 3, 9, −7, 0, 5, 6, 8, 4, 1

Taschen:
$4a - 7 = 13$
$2b + 5 = 13 + b$
$7 + c \cdot c = 23$
$7 + d = 15 + d$ −9

5 Löse die Gleichung durch Rückwärtsrechnen. Gib die Umkehroperationen und die Lösungsmenge an.
Zusatzaufgabe: Prüfe die Lösung mit einer Probe.

a) $21 + x = 91$
$x = 91 - 21$
$x = 70$
Lösung: **70**

b) $x - 15 = 1$
$x = 1 + 15$
$x = 16$
Lösung: **16**

c) $52 = 13x$
$x = 52 : 13$
$x = 4$
Lösung: **4**

d) $3x - 8 = 4$
$x \xrightarrow{\cdot 3} \xrightarrow{-8}$
$4 \xleftarrow{:3} 12 \xleftarrow{+8}$
Lösung: **4**

e) $-7x + 11 = 32$
$x \xrightarrow{\cdot (-7)} \xrightarrow{+11} 32$
$-3 \xleftarrow{:(-7)} 21 \xleftarrow{-11} 32$
Lösung: **−3**

f) $x : 4 - 8 = -6$
$x \xrightarrow{:4} \xrightarrow{-8} -6$
$8 \xleftarrow{\cdot 4} 2 \xleftarrow{+8} -6$
Lösung: **8**

Weiterführende Aufgaben

6 Stelle eine passende Gleichung auf und löse sie durch Rückwärtsrechnen.

a) „Ich denke mir eine Zahl. Addiere ich zu ihr 17, erhalte ich 29."
Gleichung: $x + 17 = 29$ Lösung: **12**

b) „Subtrahiere ich von einer gedachten Zahl 5, bleiben 36 übrig."
Gleichung: $x - 5 = 36$ Lösung: **41**

c) „Addiere ich zur Hälfte einer Zahl ihr Doppeltes, ist das Ergebnis 25."
Gleichung: $\frac{x}{2} + 2x = 25$ Lösung: **10**

7 Zum Einzäunen der abgebildeten Pferdekoppel stehen 80 m Zaun zur Verfügung.

a) Ermittle x.
$10\,\text{m} + 18\,\text{m} + 5\,\text{m} + x + 3\,\text{m} + x = 80\,\text{m}$
$36\,\text{m} + 2x = 80\,\text{m}$
$x = 22\,\text{m}$

b) Begründe durch Rechnung, ob mit dem Zaun eine 410 m² große quadratische Koppel abgesteckt werden kann.
$80\,\text{m} : 4 = 20\,\text{m}$ $20\,\text{m} \cdot 20\,\text{m} = 400\,\text{m}^2$ **Nein, der Zaun reicht**
nur für eine 400 m² große quadratische Pferdekoppel.

Planfigur (Maße: 5 m, 18 m, 10 m, x + 3 m, x, 3 m)

Äquivalenzumformungen

Mögliche Äquivalenzumformungen sind:

- die Addition oder Subtraktion einer Zahl oder eines Terms auf beiden Seiten der Gleichung
- die Multiplikation mit einer Zahl oder einem Term oder die Division durch eine Zahl oder einen Term ungleich null auf beiden Seiten der Gleichung
- das Vertauschen beider Seiten der Gleichung

Beispiel:

$3 = 2x - 1$ $| +1$
$4 = 2x$ $| :2$
$2 = x$
$x = 2$

Lösung: 2 $L = \{\,2\,\}$

Auftrag: Ergänze das Beispiel.

Basisaufgaben

1 Gib die auf der Waage dargestellte Gleichung an und bestimme die Lösungsmenge durch Äquivalenzumformungen.

a)

$2x + 5 = 11$ $| -5$
$2x = 6$ $| :2$
$x = 3$

b)

$8 = 3x + 2$ $| -2$
$6 = 3x$ $| :3$
$2 = x$

c)

$3x = x + 1$ $| -x$
$2x = 1$ $| :2$
$x = 0,5$

2 Gib die ausgeführten Äquivalenzumformungen an.

a) $5x + 9 = 37 + x$ $| -x$
$4x + 9 = 37$ $| -9$
$4x = 28$ $| :4$
$x = 7$

b) $6x - 3 = 10 + x - 3$ $| -x$
$5x - 3 = 7$ $| +3$
$5x = 10$ $| :5$
$x = 2$

c) $9 - 5x + 6 = -10x + 10$ $| +10x$
$15 + 5x = 10$ $| -15$
$5x = -5$ $| :5$
$x = -1$

3 Löse die Gleichung durch Äquivalenzumformungen.

a) $7x - 5 = 16$ $| +5$
$7x = 21$ $| :7$
$x = 3$ $L = \{3\}$

b) $7x + 10 - 3x = 28$
$4x = 18$ $| :4$
$x = 4,5$ $L = \{4,5\}$

c) $-1 - 1x - 2 - x + 3 = -2x$
$-3 - 2x + 3 = -2x$
$-2x = -2x$
unendliche viele Lösungen

4 Vereinfache, wenn nötig, zuerst. Löse dann die Gleichung.

a) $8a + 5 = 29 - 4a$ $| +4a$
$12a + 5 = 29$ $| -5$
$12a = 24$ $| :12$
$a = 2$ $L = \{2\}$

b) $b \cdot 7 + 4 - 6 \cdot 2 = -3 \cdot b - 8 + b$
$7b - 8 = -2b - 8$ $| +8$
$7b = -2b$ $| +2b$
$9b = 0$ $| :9$
$b = 0$ $L = \{0\}$

c) $3 \cdot (x + 2) = x - 4 + x \cdot 2$
$3x + 6 = x - 4 + 2x$
$3x + 6 = 3x - 4$ $| -3x$
$+6 = -4$ **keine Lösung**

5 Die Gleichung wurde nicht richtig gelöst. Unterstreiche die Fehler. Löse danach die Gleichung.
Zusatzaufgabe: Führe, wenn möglich, die Probe durch.

a) $-12 + 3,5x = 4,5x + 11,5$ $| +12$
$+3,5x = 4,5x + 23,5$ $| -4,5x$
$1x = 23,5$
$x = 23,5$
$L = \{23,5\}$

$-12 + 3,5x = 4,5x + 11,5$ $| +12$
$+3,5x = 4,5x + 23,5$ $| -4,5x$
$-1x = 23,5$ $| \cdot(-1)$
$x = -23,5$
$L = \{-23,5\}$

b) $\frac{4}{3}x + 2 = -\frac{1}{3} + x$ $| -x$
$\frac{4}{3} + 2 = \frac{10}{3} = -\frac{1}{3}$
keine Lösung

$\frac{4}{3}x + 2 = -\frac{1}{3} + x$ $| -x$
$\frac{1}{3}x + 2 = -\frac{1}{3}$ $| -2$
$\frac{1}{3}x = -\frac{7}{3}$ $| \cdot 3$
$x = -7$
$L = \{-7\}$

c) $3 \cdot (5a - 8a) = -9a$
$15a - 24a = -9a$ $| -9a$
$18a = 0$ $| :18$
$a = 0$
$L = \{0\}$

$3 \cdot (5a - 8a) = -9a$
$15a - 24a = -9a$ $| +9a$
$-9a = -9a$ $| +9a$
$0 = 0$
unendlich viele Lösungen

Weiterführende Aufgaben

6 Auf einem Bauernhof leben dreimal so viele Hühner wie Schweine. Außerdem gibt es noch sechs Ziegen. Anton hat aus Spaß die Beine aller Tiere gezählt, es sind 114.

a) Gib entsprechende Terme an.

$4x$ steht für die Anzahl der Beine der Schweine.
$4 \cdot 6 = 24$ steht für die Anzahl der Beine der Ziegen.
$3 \cdot 2x = 6x$ steht für die Anzahl der Beine der Hühner.

b) Ermittle, wie viele Hühner und Schweine es auf dem Bauernhof gibt.
Hinweis: Überprüfe dein Ergebnis am Text.

z.B.: $4x + (3 \cdot 2 \cdot x) + (4 \cdot 6) = 114$
$10x + 24 = 114$ $| -24$
$10x = 90$ $| :10$
$x = 9$

Es gibt 9 Schweine, 6 Ziegen und 27 Hühner auf dem Bauernhof.

Sachaufgaben können häufig mit Gleichungen modelliert werden.

Mit Gleichungen modellieren

Viele Probleme aus dem Alltag kann man mithilfe einer Gleichung lösen.

		Beispiel:	Zwei Winkel in einem Dreieck sind 57° und 48° groß. Berechne die Größe des dritten Winkels.

1. Schritt: Problem analysieren: Informationen zum Problem sammeln — α (steht für den dritten Winkel)

2. Modell bilden: die reale Situation in eine Gleichung übersetzen

$$\alpha + 57° + 48° = \alpha + 105°$$
$$\alpha + 105° = 180°$$

3. Lösung im Modell bestimmen: die Gleichung lösen

$$\alpha + 105° = 180° \qquad | -105°$$
$$\alpha = 75°$$

4. Interpretation: die Lösung interpretieren und überprüfen, ob sie realistisch ist

$$75° + 57° + 48° = 180°$$

Der dritte Winkel ist 75° groß.

Auftrag: Vervollständige das Beispiel.

Basisaufgaben

1 Lege die Variable fest. Stelle die Gleichung auf.
Zusatzaufgabe: Ermittle die Lösung.

a) Moritz hat von seinem Ersparten 24 € für ein Computerspiel und 12 € für ein Buch ausgegeben. Er verdient sich 15 € indem er den Rasen mäht. Jetzt hat er noch 79 €. Berechne seine Ersparnisse zu Beginn.

x steht für **den Geldbetrag, den Moritz gespart hat.**

Gleichung: **x − 24 € − 12 € + 15 € = 79 €**   (Lösung: 100 €)

b) 125 Sticker wurden auf 20 Kinder verteilt. Jedes bekam gleich viele. Fünf blieben übrig. Berechne, wie viele Sticker jedes Kind bekam.

x steht für **die Anzahl der Sticker, die jedes Kind bekam.**

Gleichung: **20x + 5 = 125**   (Lösung: 6 Sticker)

c) Beim Ausflug muss jeder Schüler 2,90 € für die Fahrkarte, 5,60 € für den Eintritt und 3,20 € für die Verpflegung zahlen. 304,20 € wurden bereits eingesammelt. Berechne, wie viele Schüler bereits bezahlt haben.

x steht für **die Anzahl der Schüler, die bereits bezahlt haben.**

Gleichung: **(2,90 € + 5,60 € + 3,20 €) · x = 304,20 €**   (Lösung: 26 Schüler)

2 Noah bekommt ab 1. Januar für jeden Monat 10 € Taschengeld. Er spart jeden Monat ein Viertel davon. Berechne, wann sein Erspartes 20 € beträgt.
Hinweis: Überlege, wie viel er am letzten und am ersten Tag eines Monats hat.

a) Gib eine passende Gleichung an. Erkläre die Bedeutung von x.

Gleichung: **(10 € : 4) · x = 20 €**   x steht für **die Monate, in denen ein Viertel gespart wird.**

b) Beurteile die Antworten. Kreuze an.

		richtig	falsch
Im April hat er 20 € zusammen.	passende Antwort	☐ richtig	☒ falsch
Ende Februar hat er 5 € gespart.	passende Antwort	☒ richtig	☐ falsch
Am 1. August hat er 20 € zusammen.	☒ passende Antwort	☒ richtig	☐ falsch

---

3 Beim Basketballturnier warf Ben doppelt so viele Körbe wie sein Freund Paul. Steve warf 6 Bälle mehr in den Korb als Paul. Insgesamt kamen sie auf 22 Körbe. Berechne, wie viele Körbe jeder erzielte.

1. Schritt: Variable festlegen.   x   steht für die Anzahl der Körbe von **Paul.**

2. Schritt: Term(e) bilden.   2x   steht für die Anzahl der Körbe von **Ben.**

x + 6   steht für die Anzahl der Körbe von **Steve.**

3. Schritt: Gleichung aufstellen.   22 = x + 2x + (x + 6)

4. Schritt: Gleichung lösen.
$$22 = 4x + 6 \qquad | -6$$
$$16 = 4x \qquad | :4$$
$$4 = x$$

5. Schritt: Lösung prüfen.   22 = 4 + (2 · 4) + (4 + 6)

6. Schritt: Antwort formulieren.   **Paul warf vier Körbe, Ben acht und Steve zehn.**

Die Aussage ist wahr.

Weiterführende Aufgaben

4 Ein rechteckiges Blatt hat einen Umfang von 48 cm. Die eine Seite ist 2 cm länger als die andere. Berechne die Seitenlängen und den Flächeninhalt des Blattes. Unterstreiche zunächst relevante Informationen.

a	steht für die Länge des Rechtecks.	48 cm = 2 · a + 2 · (a + 2 cm)	
a + 2 cm	steht für die Breite des Rechtecks.	48 cm = 4 · a + 4 cm		−4 cm
2 · a + 2 · (a + 2 cm)	steht für den Umfang des Rechtecks.	44 cm = 4 · a		: 4
		11 cm = a	

11 cm + 2 cm = 13 cm   11 cm · 13 cm = 143 cm²

Die Seiten des Rechtecks sind 11 cm und 13 cm lang.

Der Flächeninhalt beträgt 143 cm².

5 Berechne das Alter von Henri und Jakob.

Henri sagt: *„Mein Bruder ist doppelt so alt wie ich. Mein Opa ist viermal so alt wie mein Bruder. Werden alle unsere Alter addiert und verdoppelt, so ergibt das 220 Jahre."*

Jacob sagt: *„Meine Mama war 22, als ich geboren wurde. Mein Vater ist 5 Jahre älter als sie und heute halb so alt wie mein Opa. Mein Opa ist 80 Jahre alt."*

h	steht für das Alter von Henri.	j	steht für das Alter von Jacob.
2h	steht für das Alter von Henris Bruder.	j + 22 + 5	steht für das Alter des Vaters.
4 · 2h = 8h	steht für das Alter des Opas.		

$$220 = 2 \cdot (h + 2h + 8h)$$
$$220 = 22h \qquad | :22$$
$$10 = h$$

$$80 = 2 \cdot (j + 22 + 5)$$
$$80 = 2j + 54 \qquad | −54$$
$$26 = 2j \qquad | :2$$
$$13 = j$$

$$220 = 2 \cdot (10 + 2 \cdot 10 + 8 \cdot 10) \quad \text{Die Aussage ist wahr.}$$
$$80 = 2 \cdot (13 + 22 + 5) \quad \text{Die Aussage ist wahr.}$$

Henri ist 10 Jahre alt.

Jacob ist 13 Jahre alt.

Ungleichungen

Durch Äquivalenzumformung einer Ungleichung erhält man eine äquivalente Unglei-chung. Für Äquivalenzumformungen gelten die gleichen Regeln wie bei Gleichungen.
Zusätzlich muss die Ungleichung umgekehrt werden, wenn
- die Terme auf den beiden Seiten vertauscht werden,
- beide Seiten mit einer negativen Zahl multipliziert werden,
- beide Seiten durch eine negative Zahl dividiert werden.

Auftrag: Ergänze die Beispiele.

Beispiele:

$-a < 5 \quad |\cdot(-1)$
$a > -5$

$-2b \le -6 \quad |:(-2)$
$b \ge 3$

Basisaufgaben

1 Löse die Ungleichung durch Überlegen.
Stelle die Lösung im vorgegebenen Zahlenbereich der Zahlengerade farbig dar.

a) $x + 17 < 23$

$x < 6$ Positive ganzzahlige Lösungen: **1; 2; 3; 4; 5**

[Zahlengerade −6 … 7]

b) $4a < 14$

$a < 3,5$ Ganzzahlige Lösungen: **3; 2; 1; 0; −1; −2; …**

[Zahlengerade −6 … 7]

c) $2y + 8 < 8$

$y < 0$ Lösungen aus dem gesamten Zahlbereich: **alle negativen Zahlen y < 0**

[Zahlengerade −6 … 7]

2 Löse die Ungleichung mithilfe von Äquivalenzumformungen.
Hinweis: Rechts stehen die Zahlen, welche die Lösungen abgrenzen. Beachte, dass es nur 6 Zahlen gibt.

a) $7x + 3 < 17$ $|-3$
$7x < 14$ $|:7$
$x < 2$

b) $2y - 24 > 6y$ $|-2y$
$-24 > 4y$ $|:4$
$-6 > y$

c) $0,3a + 2,5 < 4,6$ $|-2,5$
$0,3a < 2,1$ $|:0,3$
$a < 7$

d) $b \cdot (-4) - 0,8 > -20,8$ $|+0,8$
$-4b > -20$ $|:(-4)$
$b < 5$

e) $-\frac{c}{5} + 7 \ge 4\frac{3}{5}$ $|-2$
$-\frac{c}{5} \ge -2\frac{2}{5}$ $|\cdot(-5)$
$c \le 12$

f) $2 + \left(-\frac{1}{4}\right)d \ge 0,5$ $|-2$
$-\frac{1}{4}d \ge -1,5$ $|:\left(-\frac{1}{4}\right)$
$d \le 6$

Lösungen zum Abstreichen
−6   2   5
6   7   12

g) $1 - x + 6 < 7 - x$ (Zusammenfassen)
$7 - x < 7 - x$ $|+x$
$7 < 7$ **Es gibt keine Lösung.**

h) $5x + 5 - 2x < 6 + 3x + 2$ (Zusammenfassen)
$3x + 5 < 3x + 8$ $|\cdot(-3x)$
$5 < 8$ **Jede Zahl ist eine Lösung.**

3 a) Ordne jeder Ungleichung die passende Lösung zu.

$-2x < 4 \qquad -4 < -2x \qquad 4 \le -2x \qquad -2x \le -4 \qquad -2x \ge 4 \qquad -4 \ge -2x$

$x < 2 \qquad x > -2 \qquad x \le -2 \qquad x \ge 2 \qquad x \le -2 \qquad x \ge 2$

b) Gib zu jeder Lösungsmenge eine passende Ungleichung an.

z.B.: $x < 1$ **$4x < 4$**
z.B.: $x \ge 5$ **$-2x \le -10$**
z.B.: $x > -3$ **$-x < 3$**

Weiterführende Aufgaben

4 Lisa möchte mit zwei Freundinnen zelten.
Sie erkundigte sich nach den Preisen:
Die Zeltplatzgebühren betragen 18€ pro Übernachtung für ein Zelt und drei Personen.
Die Hin- und Rückfahrt kostet pro Person 20€.
Für die tägliche Verpflegung plant sie 10€ pro Person ein.

a) Stelle Terme für die Teilkosten auf.
Setze dabei für die Anzahl der Übernachtungen x ein.
Zeltplatzgebühren: **18€·x**
Fahrtkosten: **3·20€**
Verpflegung: **3·10€·x**

b) Die drei Mädchen haben für ihren Urlaub insgesamt 450€ zur Verfügung. Gib an, wie oft sie mit ihrem Budget maximal übernachten können.
Stelle eine passende Ungleichung auf und löse sie.

$48€·x + 60€ \le 450€$ $|-60€$
$48€·x \le 390€$ $|:48€$
$x \le 8,13€$

Sie können 8-mal übernachten.

c) Ergänze die Tabelle und zeichne entsprechende Punkte ins Koordinatensystem ein.
Markiere auf der x-Achse den Bereich, für den die Gesamtkosten kleiner als 450 € sind.

Anzahl der Übernachtungen	Gesamtkosten in Euro
2	48 · 2 + 60 = 156
3	48 · 3 + 60 = 204
4	48 · 4 + 60 = 252
5	48 · 5 + 60 = 300
6	48 · 6 + 60 = 348

[Koordinatensystem: Preis (in €) auf der y-Achse (100–700), Anzahl der Übernachtungen auf der x-Achse]

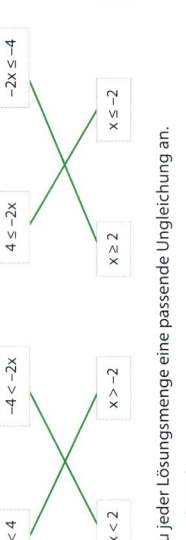

Legende:
< kleiner als
> größer als
≤ kleiner gleich
≥ größer gleich

Wo stehe ich?

☺ Die Aufgabe kann ich sicher lösen.

😐 Die Aufgabe kann ich mit Nachschauen lösen.

☹ Ich kann die Aufgabe nicht lösen. Hier brauche ich Hilfe.

Ich kann…	☺	😐	☹	Hier kannst du üben.
… Zufallsexperimente anhand ihrer Eigenschaften erkennen. … das empirische Gesetz der großen Zahlen anwenden, um Wahrscheinlichkeiten zu schätzen (Testaufgabe 2 und 4))				S. 68/69
… Wahrscheinlichkeiten von Ergebnissen aufgrund geometrischer Eigenschaften bestimmen. … Wahrscheinlichkeiten von Ereignissen mit der Summenregel oder über das Gegenereignis erechnen. (Testaufgabe 3)				S. 68/69
… Laplace-Experimente erkennen und die Wahrscheinlichkeiten von Ereignissen bestimmen. … die Wahrscheinlichkeiten von Ereignissen bei Laplace-Experimenten berechnen (Testaufgaben 1 und 2)				S. 70/71

Teste dich

1 Die abgebildeten Murmeln werden in einem undurchsichtigen Beutel aufbewahrt. Eine Kugel wird gezogen. Gib die Wahrscheinlichkeit des Ereignisses als Bruch an.

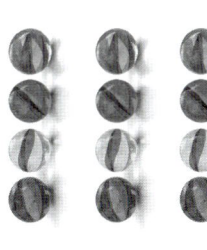

a) Es wird eine blaue Murmel gezogen. $\frac{3}{12} = \frac{1}{4}$

b) Es wird eine gelbe Murmel gezogen. $\frac{3}{12} = \frac{1}{4}$

c) Es wird eine lila oder eine rote Murmel gezogen. $\frac{6}{12} = \frac{1}{2}$

d) Es wird keine lila Murmel gezogen. $\frac{9}{12} = \frac{3}{4}$

2 Glücksrad

a) Nach einmaligem Drehen erhielt man die „1". Entscheide, ob es sich um ein Laplace-Experiment handelt. Begründe deine Antwort.

Ja, da alle Ergebnisse (Sektoren) gleichwahrscheinlich sind.

b) Das Glücksrad wurde 50-mal gedreht. Gib die relativen Häufigkeiten der Ziffern in Prozent an. Was fällt auf?

Ziffer	1	2	3	4	5	6	7	8
absolute Häufigkeit	4	5	7	9	6	8	6	5
relative Häufigkeit	8 %	10 %	14 %	18 %	12 %	16 %	12 %	10 %

Die relativen Häufigkeiten der Ziffern sind nicht gleich.

Die relativen Häufigkeiten sind kein guter Schätzwert für die Wahrscheinlichkeiten, da die Anzahl

der Versuche zu gering ist.

3 Das Netz eines fairen Würfels ist gegeben. Markiere die Flächen so, dass folgende Wahrscheinlichkeiten gelten.

$P(„1") = \frac{1}{2}$

$P(„2") = \frac{1}{6}$

$P(„3") = \frac{1}{3}$

$P(„Rot") = \frac{1}{3}$

$P(„Grün") = \frac{2}{3}$

$P(„1" \text{ oder } „Rot") = \frac{2}{3}$

4 Nenne ein Zufallsexperiment, das kein Laplace-Experiment ist.

individuelle Lösung z. B. Würfelwurf mit zwei Würfeln

Zufallsexperimente und Wahrscheinlichkeit

- Wenn ein Zufallsexperiment sehr oft durchgeführt wird, dann stabilisiert sich die relative Häufigkeit der Ergebnisse um einen festen Wert P(A) (Gesetz der großen Zahlen). Dieser Wert heißt Wahrscheinlichkeit des Ergebnisses A (Schreibweise: P (A); sprich: „P von A").

- Die stabilisierte relative Häufigkeit liegt in der Nähe von P(A). Sie kann deshalb als Schätzwert für die Wahrscheinlichkeit verwendet werden.

Beispiel: „Rot" werfen mit einem Tetraeder (3 rote Seiten, 1 blaue Seite.)

relative Häufigkeit von „Rot"

[Diagramm mit x-Werten; 0,5 bis 1; Gesamtzahl der Würfe 10 20 30 40]

Ein Schätzwert für die Wahrscheinlichkeit von „Rot" ist **0,75**.

Auftrag: Gib einen Schätzwert für die Wahrscheinlichkeit von „Rot" an.

Basisaufgaben

1 Kreuze die Zufallsexperimente an. Gib danach gegebenenfalls die Ergebnismenge an.

x Kiara schaut, ob die Autoampel „Grün" zeigt. → Ω = {„Grün", „nicht Grün"}

☐ Philip misst, bei welcher Temperatur Wasser kocht.

x Viktor schaut, welche Farbe eine blind gezogene Karte aus einem Skatspiel hat. → Ω = {„Herz", „Pik", „Karo", „Kreuz"}

2 Würfeln mit zehnseitigen Würfeln

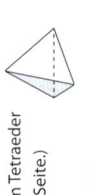

a) Ermittle die relativen Häufigkeiten der „6".

Anzahl der Versuche	10	50	100	150	200	250	300	350	400
absolute Häufigkeit	1	3	6	10	14	18	20	24	29
relative Häufigkeit	0,1	0,06	0,06	0,067	0,07	0,072	0,067	0,0686	0,0725

b) Veranschauliche zuerst die relativen Häufigkeiten der „6" im Diagramm. Schätze danach, mit welcher Wahrscheinlichkeit eine „6" fällt. Veranschauliche dies mithilfe einer waagrechten Linie im Diagramm.

P(„6") ≈ 0,07

[Diagramm: relative Häufigkeit der „6"; 0,05 / 0,1; Gesamtzahl der Würfe 50 100 150 200 250]

c) Ermittle die relativen Häufigkeiten „zwei gleiche Augenzahlen" mit zwei Würfeln zu erhalten.

Anzahl der Versuche	10	50	100	150	200	250	300	350	400
absolute Häufigkeit	1	5	10	18	22	24	29	34	43
relative Häufigkeit	0,1	0,1	0,1	0,12	0,11	0,096	0,097	0,097	0,1075

d) Veranschauliche zuerst die relativen Häufigkeiten „zweier gleicher Augenzahlen" im Diagramm. Schätze danach, mit welcher Wahrscheinlichkeit die Augenzahlen gleich sind. Veranschauliche dies mithilfe einer waagrechten Linien im Diagramm.

P(„zwei gleiche Augenzahlen") ≈ 0,1

[Diagramm: relative Häufigkeit „zweier gleicher Augenpaare"; 0,05 / 0,1; Gesamtzahl der Würfe 50 100 150 200 250]

Die Ergebnismenge Ω eines Zufallsversuchs ist die Menge aller möglichen Ergebnisse.
z. B.: Ω = {1, 2, 3, 4, 5, 6}

3 Ist die Wahrscheinlichkeit „0" oder „1" oder zwischen „0 und 1"? Kreuze an.

0 % ————————————— 100 %

a) Ein zufällig ausgewählter Schüler hat morgen Geburtstag. x
b) Ein zufällig ausgewählter Schüler hat in den nächsten 13 Monaten Geburtstag. x
c) Ein zufällig ausgewählter Schüler hat sechs mal Geburtstag in einem Schuljahr. x
d) Ein zufällig ausgewählter Schüler hat eine Schwester. x
e) Ein zufällig ausgewählter Schüler hat keinen Bruder. x
f) Ein zufällig ausgewählter Schüler hat in der letzten Woche nicht geschlafen. x
g) Ein zufällig ausgewählter Schüler hat heute verschlafen. x
h) Ein zufällig ausgewählter Schüler deiner Klasse ist älter als 9 Jahre. x

Weiterführende Aufgaben

4 Gleichzeitiges Würfeln mit einem Würfel und einem Quader mit den Ziffern „1" bis „6".
Hinweis: Nimm als Quader z. B. einen Radiergummi oder einen Baustein.

a) Ermittle die absoluten Häufigkeiten der Augensummen bei je 50 Versuchen. Erfasse die Anzahl der Versuche mit einer Strichliste auf einem zusätzlichen Blatt.

individuelle Lösung

	50 Versuche	50 Versuche	50 Versuche	50 Versuche	50 Versuche	50 Versuche	50 Versuche	50 Versuche
„Summe 2"								
„Summe 3"								
„Summe 4"								
„Summe 5"								
„Summe 6"								
„Summe 7"								
„Summe 8"								
„Summe 9"								
„Summe 10"								
„Summe 11"								
„Summe 12"								

b) Ermittle aus Teilaufgabe a), welche Augensumme am häufigsten aufgetreten ist. Gib die absolute Häufigkeit dieser Augensumme nach 50, 100, …, 400 Versuchen an und bestimme die relative Häufigkeit.

Anzahl der Versuche	50	100	150	200	250	300	350	400
absolute Häufigkeit								
relative Häufigkeit								

c) Stell dir vor, dass das Experiment mit zwei regulären sechsseitigen Würfeln durchgeführt wurde. Ermittle, ob alle Würfelsummen gleichwahrscheinlich sind.
Zusatzaufgabe: Vergleiche die Wahrscheinlichkeiten.
P(„2") = P(„12") < P(„3") = P(„11") < P(„4") = P(„10") < P(„5") = P(„9") < P(„6") = P(„8") < P(„7")

Laplace-Wahrscheinlichkeit

Zufallsexperimente, bei denen alle Ergebnisse gleichwahrscheinlich sind, nennt man Laplace-Experimente.

Es gilt für die Wahrscheinlichkeit eines Ereignisses E: $P(E) = \dfrac{\text{Anzahl der Ergebnisse, die zum Ereignis gehören}}{\text{Anzahl aller möglichen Ergebnisse}}$

Beispiel: Würfeln keiner „1", „2", „3" oder „4"

Anzahl der für das Ereignis günstigen Ergebnisse: 2   E = {„5", „6"}

Anzahl aller möglichen Ergebnisse: 6   E = {„1", „2", „3", „4", „5", „6"}

P(Würfeln keiner „1", „2", „3" oder „4") $= \dfrac{2}{6} = \dfrac{1}{3}$

Auftrag: Ergänze das Beispiel.

Basisaufgaben

1 Die Spieler beim **Mensch ärgere dich nicht** haben zwei Ziele.

Sie wollen mit dem nächsten Wurf mit einem Mal Würfeln einen Stein ins Ziel bringen oder einen Stein eines Gegners „rauswerfen". Im Zielbereich darf ein Stein übersprungen werden.

a) Gib die Augenzahlen an, die beim nächsten Wurf des Würfels ein günstiges Ergebnis sind.

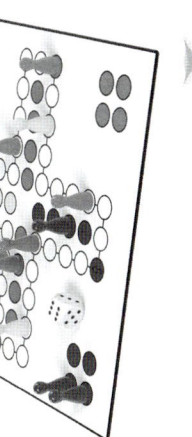

Günstiges Ergebnis, wenn „Gelb" als Nächstes würfelt.

Augenzahl: „1", „2", „3", „4", „5", „6"

Günstiges Ergebnis, wenn „Blau" als Nächstes würfelt.

Augenzahl: „3"

Günstiges Ergebnis, wenn „Rot" als Nächstes würfelt.

Augenzahl: „2", „4", „5", „6"

b) Ermittle die Wahrscheinlichkeit.

Ein gelber Stein kommt beim nächsten Wurf im Ziel an. $\frac{4}{6} = \frac{2}{3}$

Ein roter Stein kommt beim nächsten Wurf im Ziel an. $\frac{2}{6} = \frac{1}{3}$

Ein roter Stein wirft beim nächsten Wurf einen grünen Stein raus. $\frac{1}{6}$

Kein grüner Stein kann beim nächsten Wurf bewegt werden.   0

2 Aus einem vollständigen Skatspiel mit 32 Karten wird eine Karte gezogen.
Gib die Wahrscheinlichkeit des Ereignisses an.

7♦	8♦	9♦	10♦	J♦	Q♦	K♦	A♦
7♥	8♥	9♥	10♥	J♥	Q♥	K♥	A♥
7♠	8♠	9♠	10♠	J♠	Q♠	K♠	A♠
7♣	8♣	9♣	10♣	J♣	Q♣	K♣	A♣

a) Eine Pik-Karte wird gezogen. $\frac{8}{32} = \frac{1}{4}$

b) Ein König wird gezogen. $\frac{4}{32} = \frac{1}{8}$

c) Eine Herz-Karte, die kein Ass ist, wird gezogen. $\frac{7}{32}$

d) Eine Herz-Karte oder eine Pik-Karte wird gezogen. $\frac{16}{32} = \frac{1}{2}$

3 Peter und Paul spielen mit einem 20-seitigen Spielwürfel.
Gib die Wahrscheinlichkeit des Ereignisses an.

Hinweis: Schreibe zuerst die Ergebnisse, die zum Ereignis gehören, auf.

a) Es fällt eine gerade Zahl.
$\frac{10}{20}$ E = {„2", „4", „6", „8", „10", „12", „14", „16", „18", „20"}

b) Es fällt eine Zahl, die durch 6 teilbar ist.
$\frac{3}{20}$ E = {„6", „12", „18"}

c) Es fällt eine Zahl, die durch 7 teilbar ist.
$\frac{2}{20}$ E = {„7", „14"}

d) Es fällt eine Quadratzahl.
$\frac{4}{20}$ E = {„1", „4", „9", „16"}

e) Es fällt eine Zahl, die durch 5 oder durch 8 teilbar ist.
$\frac{6}{20}$ E = {„5", „10", „15", „20", „8", „16"}

f) Es fällt eine Primzahl.
$\frac{8}{20}$ E = {„2", „3", „5", „7", „11", „13", „17", „19"}

Lösungen zum Abstreichen:

$\frac{2}{20}$	$\frac{3}{20}$
$\frac{4}{20}$	$\frac{6}{20}$
$\frac{8}{20}$	$\frac{10}{20}$

Weiterführende Aufgaben

4 Anja und Anette ziehen Kugeln aus einer Urne, die mit den Zahlen 1 bis 20 beschriftet sind. Anja gewinnt, wenn die Zahl auf der Kugel größer als 12 ist. Anette gewinnt, wenn die Zahl durch 3 teilbar ist.
Ist das fair? Begründe.

Das Spiel ist nicht fair. Anja gewinnt bei „13", „14", „15", „16", „17", „18", „19" und „20".

Die Wahrscheinlichkeit beträgt $\frac{8}{20}$ = 40%.

Anette gewinnt bei „3", „6", „9", „12", „15" und „18". Die Wahrscheinlichkeit beträgt $\frac{6}{20}$ = 30%.

5 In einer Kiste sind mehrere Karten. Auf 5 Karten ist ein Quadrat, auf 7 Karten ist ein Rechteck, auf 9 Karten ist ein allgemeines Dreieck und auf 4 Karten ist ein Kreis abgebildet.
Es wird nur eine Karte aus der Kiste gezogen. Danach wird diese zurückgelegt.
Gib die Wahrscheinlichkeit des Ereignisses in drei unterschiedlichen Schreibweisen an.

a) Die Innenwinkelsumme der Figur auf der Karte beträgt 360°.
$\frac{12}{25}$ = 0,48 = 48%   (günstige Ergebnisse: 5 Quadrate; 7 Rechtecke)

b) Eine Karte ohne Kreis wird gezogen.
$\frac{21}{25}$ = 0,84 = 84%   (günstige Ergebnisse: 5 Quadrate; 7 Rechtecke; 9 Dreiecke)

c) Eine Karte mit einer symmetrischen Figur wird gezogen.
$\frac{16}{25}$ = 0,64 = 64%   (günstige Ergebnisse: 5 Quadrate; 7 Rechtecke; 4 Kreise)

Ist die Wahrscheinlichkeit 0, so ist das Ereignis unmöglich, ist sie 1 ist das Ergebnis sicher.

d) Die Wahrscheinlichkeit eines Ereignisses beträgt 56%. Nenne ein passendes Ereignis.
56% = $\frac{14}{25}$ Da 5 + 9 = 14, ist das Ereignis z. B. „Ziehen eines Quadrats oder Dreiecks".

Zusatzaufgabe: Gib ein Ereignis an, dessen Wahrscheinlichkeit 1 bzw. 0 ist.
P(„Ziehen einer zweidimensionalen Figur") = 1
P(„Ziehen eines Körpers") = 0

Jahrgangsstufentest

1

Trage die fehlenden Zahlen ein. In der ersten Spalte stehen die Minuenden (bzw. Dividenden) und in der ersten Zeile die Subtrahenden (bzw. Divisoren).

−	1,2	−23	31	−0,5
7	5,8	30	−24	7,5
−0,9	−2,1	22,1	−31,9	−0,4

:	10	−3	5	0,4	$\frac{2}{3}$
−1,8	−0,18	0,6	−0,36	−4,5	
$\frac{6}{3}$	0,2	$-\frac{2}{3}$	$\frac{2}{5}$		3

2

Trage rechts die Ergebnisse ein. Beachte, dass Kommas ein eigenes Feld erhalten.

Senkrecht
a: 10 % von 123.
b: So viel Prozent sind 66 von 600.
c: 42,96 sind 120 % davon.
d: 50 % von 16095
e: Zu 50000 kommen 12,4 % hinzu.
f: 8520,3 sind 30 % davon.
g: Durch 4 geteilt gibt so viel Prozent.
h: 20 % von 715
i: Ein Ganzes in Prozent.

Waagerecht
d: Ergibt um 50 % vergrößert 1222,5.
h: Die Summe aller Ziffern der Zahl ist 13.
j: So viele Ganze sind 500 %.
k: Ein Fünftel sind so viel Prozent.
l: 5 um 100 % vergrößert.
m: 10,5 sind 30 % davon.
n: 25 % davon sind 107.
o: 12,5 % von 50224
p: Das Fünffache als Prozentsatz.
q: 200 um die Hälfte vergrößert.
r: 15 um ein Drittel verkleinert.

3

Herr und Frau Krug wollen ihr Wohnzimmer und den Flur renovieren. Sie haben dafür neun Rollen Tapete für insgesamt 48,15 € gekauft. Sie fangen früh gegen 7:00 Uhr an und sind um ca. 9:00 Uhr abends fertig.

zu a)

Anzahl der Maler	Arbeitszeit in h
2	14
1	28
5	5,6 (5 h 36 min)

zu b)

Anzahl der Rollen	Preis in €
9	48,15
1	5,35
2	10,70

a) Gib an, wann Wohnzimmer und Flur fertig tapeziert sind, wenn beide ab 7:00 Uhr von drei Bekannten unterstützt werden, die genauso schnell arbeiten wie sie.

Sie sind gegen 12:30 Uhr fertig.

b) Nach einiger Zeit stellen sie fest, dass zwei Rollen Tapete zu wenig gekauft wurden. Ermittle, ob man diese mit einem 10-€-Schein bezahlen kann.

Nein, es fehlen 0,70 €.

4

Kreuze Zutreffendes an.

In gleichseitigen Dreiecken ist der Schnittpunkt der Winkelhalbierenden auch der Schnittpunkt der Mittelsenkrechten. — [x] wahr [ ] falsch

Die Höhe einer Seite eines Dreiecks kann nie parallel zu einer anderen Dreiecksseite sein. — [ ] wahr [x] falsch

Der Schnittpunkt der Seitenhalbierenden eines Dreiecks heißt Schwerpunkt. — [x] wahr [ ] falsch

5

Zeichne den Umkreis und den Inkreis des Dreicks ABC mit a = 4 cm, b = 5,4 cm und c = 5 cm.

(Zeichnung: Dreieck ABC mit a = 4 cm, b = 5,4 cm, c = 5 cm; Winkel 62°, 73°, 45°; Mittelpunkte M und W.)

6

Drei Geschwister sind zusammen 38 Jahre alt. Annika ist doppelt so alt wie Lea, während Ole 6 Jahre älter als Lea ist. Ermittle mithilfe einer Gleichung, wie alt die Geschwister sind.

Lea (x) ist 8 Jahre alt, Annika (2x) 16 und Ole (x + 6) 14.

$$38 = x + 2x + x + 6 \quad | -6$$
$$38 = 4x + 6$$
$$32 = 4x \quad | :4$$
$$8 = x$$

7

Gib die Wahrscheinlichkeit des Ergebnisses beim Würfeln mit einem fairen sechsseitigen Spielwürfel an.

a) Eine „6" wird gewürfelt. $\frac{1}{6}$

b) Eine Zahl, die kleiner als „3" ist, wird gewürfelt. $\frac{2}{6} = \frac{1}{3}$

8

Trage die gesuchten Begriffe ein.
Wenn alles richtig ist, ergeben die Buchstaben in den hellgrünen Kästchen ein Lösungswort.

1. ... die zu einer proportionalen Zuordnung gehören, liegen auf einem Strahl (Halbgeraden), der im Ursprung beginnt.
2. In ... kommen Zahlen, Variablen und Rechenzeichen vor.
3. Deckungsgleiche Figuren sind ...
4. ... besitzen nur dann eine Symmetrieachse, wenn sie gleichschenklig sind.
5. ... sind eine Leihgebühr.
6. Mithilfe der ... kann die Addition und Subtraktion rationaler Zahlen dargestellt werden.
7. Eine Zuordnung kann mit einer ... dargestellt werden.
8. In der Prozentrechnung nennt man den Wert, der 100 % entspricht, ...
9. Die Punkte zu einer antiproportionalen Zuordnung liegen auf einer ...
10. Der Schnittpunkt der Mittelsenkrechten eines Dreiecks ist der Mittelpunkt des ...
11. Die Wertepaare einer antiproportionalen Zuordnung sind ...

1. P U N K T E
2. T E R M E N
3. K O N G R U E N T
4. T R A P E Z E
5. Z I N S E N
6. Z A H L E N G E R A D E
7. T A B E L L E
8. G R U N D W E R T
9. H Y P E R B E L
10. U M K R E I S
11. P R O D U K T G L E I C H